高等院校艺术设计专业精品系列教材

"互联网+"新形态立体化教学资源特色教材

3ds Max 2020/VRay

中文版标准教程

3ds Max 2020/VRay Chinese Standard Course

潘文祥　兰鹏　余春林　编　著

U0397154

中国轻工业出版社

图书在版编目（CIP）数据

3ds Max 2020/VRay中文版标准教程 / 潘文祥，兰
鹏，余春林编著. —北京：中国轻工业出版社，2023.1
　　ISBN 978-7-5184-3193-9

Ⅰ.①3… Ⅱ.①潘… ②兰… ③余… Ⅲ.①室
内装饰设计 – 计算机辅助设计 – 三维动画软件 – 教材
Ⅳ.①TU238-39

中国版本图书馆CIP数据核字（2020）第176952号

责任编辑：李　红　　责任终审：李建华　　整体设计：锋尚设计
责任校对：吴大鹏　　责任监印：张京华

出版发行：中国轻工业出版社（北京东长安街6号，邮编：100740）
印　　刷：北京画中画印刷有限公司
经　　销：各地新华书店
版　　次：2023年1月第1版第2次印刷
开　　本：889×1194　1/16　印张：18
字　　数：380千字
书　　号：ISBN 978-7-5184-3193-9　定价：48.00元
邮购电话：010-65241695
发行电话：010-85119835　传真：85113293
网　　址：http://www.chlip.com.cn
Email：club@chlip.com.cn
如发现图书残缺请与我社邮购联系调换
221805J1C102ZBW

前言
PREFACE

　　3ds Max集三维建模、动画渲染为一体，是当前国内最流行的效果图制作软件，随着该软件不断升级换代，功能日趋完善和强大，在建筑设计领域，各种效果图制作是非常重要的内容，如室内装潢效果图、景观效果图、楼盘效果图等，3ds Max和VRay结合使用，可以制作出不同类型和风格的效果图，其不仅有较高的欣赏价值，对实际工程施工也有一定的直接指导作用，因此，3ds Max和VRay被广泛应用。如今，3ds Max 2020 / VRay已成为艺术设计专业的核心课程。

　　本书根据使用3ds Max 2020 / VRay渲染效果图制作的特点，循序渐进地讲解了使用3ds Max 2020 / VRay渲染效果图的知识点。全书共分为九章，分别介绍了3ds Max 2020基础、三维建模、布尔运算与放样、场景编辑、修改器与材质编辑器、建立模型、VRay灯光、效果图的制作、

效果图的后期处理等内容。3ds Max 2020 / VRay的参数很多，学习时不能死记硬背，要根据实际场景，分清各项参数所属的对话框、选项与卷展栏之间各项功能的使用技巧，推理记忆各项参数所在的卷展栏的位置，比较卷展栏所在的选项与对话框，这样能快速识别各项参数的所在位置与特有功能。

　　编者在长期教学、实践过程中总结了一套比较完整的3ds Max / VRay操作方法。在内容编写方面，力求通俗易懂，细致全面，突出重点，每个章节均有难易度标示、重点概念、章节导读，以及补充要点，章节后附有本章小结与课后练习，达到了理论教学与实践操作紧密结合的目的。在案例讲解部分，深入浅出，图文并茂，实例操作步骤明了易懂；设定丰富的空间场景，检查、调整合并模型的材质与贴图，并不断完善修饰，以便渲染出细腻真

实的效果图。

　　学习3ds Max 2020 / VRay可以从三个方面来重点提升。第一，了解基本操作工具与命令，并对这些命令熟练操作。第二，根据个人兴趣爱好制作大量基础模型，例如常见的家具、灯具、玩具等，在搜集模型素材的同时还要积累属于自己的Max模型。第三，从实践出发，联系制作真实空间效果图案例，不断对比别人的作品来改良自己的参数设置，从而得到快速提高。

　　在3ds Max 2020正式发布之际编写本书，希望能推动我国艺术设计专业的发展。本书全面且深入讲解3ds Max 2020 / VRay制作效果图的方法步骤，另附Photoshop进行后期渲染的基本技法，涵盖效果图制作全部内容，具有针对性和实用性，能让初学读者快速入门并提高，是一本完整的效果图制作教材。

编者

目 录
CONTENTS

第一章 认识3ds Max 2020中文版

第一章
认识3ds Max
2020中文版

PPT 课件　　　　操作教学视频

学习难度：☆☆☆☆★
重点概念：安装、界面、新增功能、
　　　　　视口布局

◀ **章节导读**

　　3ds Max是当今广泛使用的三维图形图像制作软件，目前，在我国制作装修效果图大多使用这款软件。它的功能强大，制作效果逼真，受众面很广。本章主要介绍3ds Max 2020的基础知识，包括简介、新增功能、能、安装、界面介绍、视口布局等，让读者熟悉3ds Max 2020软件的基本操作，为后期深入学习打好基础。

　　3ds Max 2020全称为3D Studio MAX。该软件早期名为3DS，是应用在DOS操作系统下的三维软件，之后随着个人电脑（PC）的高速发展，Autodesk公司于1993年开始研发基于PC平台的三维软件，终于在1996年，3D Studio MAX V第一节0问世，图形化的操作界面，使应用更为方便（图1-1）。3D Studio MAX从V第四节0开始简写成3ds Max，随后历经多个版本。最新版本为3ds Max 2020。3ds Max 2020分为32bit与64bit两种版本，安装时应根据电脑操作系统类型来选择。

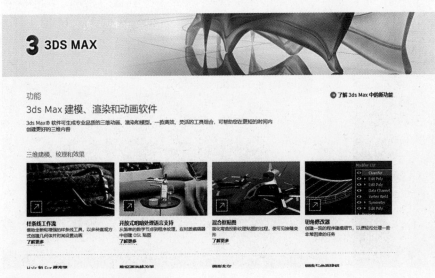

图1-1　3ds Max 2020中文版界面

3ds系列软件在三维动画领域拥有悠久的历史,在1990年以前,只有少数几种渲染与动画软件可以在PC上使用,这些软件或功能极为有限,或价格非常昂贵,或二者兼而有之。作为一种突破性新产品,3D Studio的出现,打破了这一僵局。3D Studio为在PC上进行渲染与制作动画提供了价格合理、专业化、产品化的工作平台,并使制作计算机效果图与动画成为一种全新的职业。

DOS版本的3D Studio诞生在20世纪80年代末,那时只要有一台386DX以上的计算机就可以圆一名设计师的梦。进入20世纪90年代后,PC与Windows 9x操作系统不断进步,使DOS 操作系统下的设计软件在颜色深度、内存、渲染与速度上存在严重不足。同时,基于工作站的大型三维设计软件,如Softimage、Light wave、Wave front等在电影特技行业的成功应用使3D Studio的设计者决心迎头赶上。与前述软件不同,3D Studio从DOS向Windows转变要困难得多,而3D Studio MAX的开发则几乎从零开始。

后来,随着Windows平台的普及以及其他三维软件开始向Windows平台发展,三维软件技术面临着重大的技术改革。在1993年,3D Studio软件所属公司果断放弃了在DOS操作系统下的3D Studio源代码,而开始使用全新的操作系统(Windows NT)、全新的编程语言(Visual C++)、全新的结构(面向对象)编写了3D Studio MAX。从此,PC上的三维动画软件问世了。

在3D Studio MAX第一节0版本问世后仅1年,开发者又重写代码,推出了3D Studio MAX第二节0。这次升级是一次质的飞跃,进行了上千处的改进,尤其是增加了NURBS建模、光线跟踪、材质发、镜头光斑等强大功能,使得该版本成了一款非常稳定、功能全面的三维动画制作软件,从而占据了三维动画软件市场的主流地位。

随后几年里,3D Studio MAX先后升级到第三节0、第四节0、5.0等版本,且依然在不断地升级更新,直到现在的3ds Max 2020,每个版本的升级都包含了许多革命性的技术更新(图1-2、图1-3)。

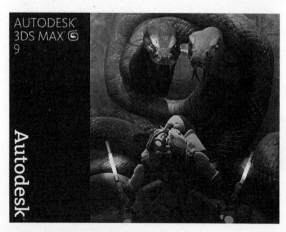

图1-2 3ds Max界面

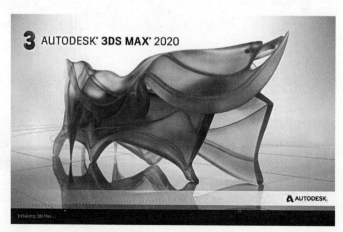

图1-3 3ds Max 2020界面

第一节　3ds Max 2020新增与改进

Autodesk 3ds Max 2020软件提供了一种用于运动图形、视觉效果、设计可视化与游戏开发的 3D 动画的全新方法。从用于自动生成群组的具有创新意义的新填充功能集到显著增强的粒子流工具集，再到现在支持 Microsoft DirectX 11明暗器且性能得到了提升的视口，3ds Max 2020融合了当今现代化工作流程所需的概念与技术。此外，借助新的跨 2D／3D 分割的透视匹配与矢量贴图工具，3ds Max 2020 提供了可以帮助操作者拓展其创新能力的新工作方式。

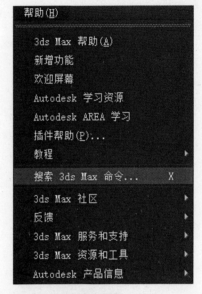

图1-4　帮助搜索菜单

图1-5　搜索对话框

> ## － 补充要点 －
>
> ### 3ds Max发展用途
>
> 　　3ds Max最初是用于三维空间模拟试验的软件，后来应用到影视动画上，能获得真实摄像机与后期处理难以达到的效果。在我国，装饰装修行业非常发达，3ds Max则主要用于三维空间效果图制作，用于反映设计师的初步创意，三维空间效果图成为设计师与客户之间必备的交流媒介，几乎所有装饰装修设计师都要掌握这套软件。

一、改进了动画预览的效果

最新的3ds Max 2020更新中创建动画预览功能得到了明显的改善，使本地驱动器的创建速度提高了3倍，同时允许选择AVI编码器进行编译，允许捕获大小大于支持的视口尺寸，并将在默认情况下启用100%输出分辨率。

二、搜索3ds Max命令

使用搜索3ds Max命令可以按名称搜索操作。当选择"帮助搜索3ds Max命令"时，3ds Max将显示一个包含搜索字段的小对话框（图1-4、图1-5）。当输入字符串时，该对话框显示包含指定文本的命令名称列表。从该列表中选择一个操作会应用相应的命令，前提是该命令对于场景的当前状态适用，然后对话框将会关闭（图1-6）。

图1-6　场景命令对话框

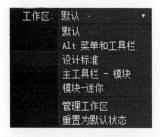

图1-7　工作区设计菜单

三、增强型菜单

主菜单栏的增强版本在替代工作区中可用。新菜单已重新组织，更易于使用，并且常用的命令更易于访问，图标也已添加。还可以重新排列新菜单，使常用命令更易于访问。

要访问设计标准菜单，请打开快速访问工具栏上的"工作区"下拉列表，然后选择"设计标准菜单"（图1-7）。

四、循环活动视口

现在，可以使用键盘上的〈Windows徽标〉键与〈Shift〉键组合来循环活动视口。如果所有视口都是可见的，则按〈+Shift〉键将会更改处于活动状态的视口。当视图区的一个视口最大化后，按〈+Shift〉键将会显示可用的视口。反复按〈+Shift〉键将会更改视口的焦点，松开这些按键时，所选择的视口将变为最大化视口（图1-8）。

五、中断自动备份

当3ds Max保存自动备份文件时，会在提示行中显示1条相关消息。如果场景很大，并且不希望此时立即花时间来保存该文件，可以按〈Esc〉键停止保存。如果建立的模型场景不是很复杂，则提示仅会短暂显示。

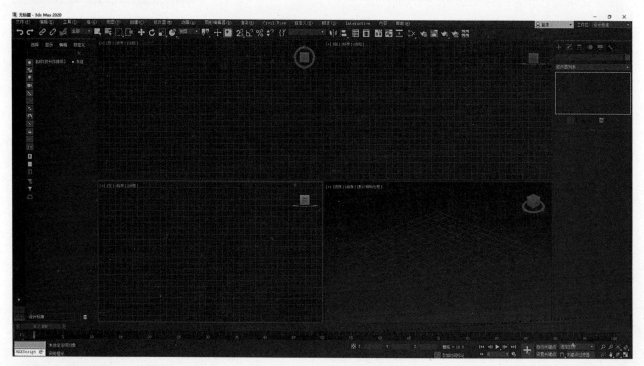

图1-8　建模活动视口

六、文件链接管理器

当链接到包含日光系统的Revit或FBX文件时，文件链接管理器会提示向场景中添加曝光控制。曝光控制是用于扫描线渲染器的对数曝光控制，或用于其他视觉渲染器的mr摄影曝光控制，主要包括mental ray、iray或Quicksilver渲染器。建议单击"是"按钮，否则，渲染效果将曝光过度。

七、填充

现在，使用3ds Max 2020中新增的群组动画功能集，只需简单几个步骤即可将制作的静态模型变得栩栩如生。填充可以提供对物理真实的人物动画的高级控制，通过该功能，操作者可以快速轻松地在场景选定区域中生成移动或空闲的群组，以利用真实的人物活动丰富建筑演示或预先可视化电影或视频场景。"填充"附带了一组动画与角色，可用于常见的公共场合，如人行道、大厅、走廊、广场。而且操作者通过其群组合成工具，可以将人行道连接到人流图案中。

八、粒子流中的新特性

1. MassFX mParticles

使用模拟解算器MassFX系统全新的mParticles模块，创建复制现实效果的粒子模拟。为延伸现有的"粒子流"系统，mParticles 向操作者提供了多个操作符与测试，可以用它们模拟自然与人为的力，创建和破坏粒子之间的砌合，让粒子相互之间或与其他物体进行碰撞。由于mParticles具有为MassFX模拟优化的"出生"操作符、使初始设置更为简单的预设流以及两个易于使用的使粒子能够影响标准网格对象的修改器，因此，操作者能轻松创建出美妙绝伦的模拟效果。同时，利用NVIDIA的多线程PhysX模拟引擎，mParticles可帮助美工人员提高工作效率。

2. 高级数据操纵

使用新的高级数据操纵工具集创建自定义粒子流工具。现在，后期合成师与视觉效果编导可以创建自己的事件驱动数据操作符，并将结果保存为预设，或保存为"粒子视图"仓库中的标准操作。使用全新、通用、易于使用的"粒子流"高级视觉编辑器，操作者可以合并多达27个不同的子操作符，从而创建专用于特定目的、大量的"粒子流"工具集，以满足单个产品的特定要求。

3. "缓存磁盘"与"缓存选择性"

使用面向通用"粒子流"工具集的两个全新的"缓存"操作符可提高工作效率。全新的"缓存磁盘"操作符能提供在硬盘上预计算并存储"粒子流"模拟的功能，从而能让操作者更快速地进行循环访问。"缓存选择性"操作符能让操作者缓存特定类型的数据，使用该操作符，操作者可以选择粒子系统的大部分计算密集型属性，预先计算一次，然后通过后缓存操作符使用其他粒子系统属性，如图形、大小、方向、贴图、颜色等。

九、环境中的新功能

1. 球形环境贴图

用于环境贴图的默认贴图模式现在为"球形贴图"。

2. 加载预设不会更改贴图模式

当加载渲染预设时，环境贴图的贴图模式不会更改。在早期版本中，它将恢复为"屏幕"，而不管以前是什么设置。

3. 曝光控制预览支持"mr"天光

用于曝光控制的预览缩略图现在可以正确显示"mr"天光。

十、材质编辑中的新增功能

现在，在"材质/贴图"浏览器中，右键单击材质或贴图时，可以将其复制到新创建的材质库中去（图1-9）。

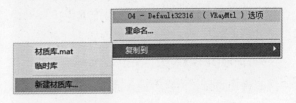

图1-9 新建材质库

十一、贴图中的新特性

1. 矢量贴图

使用新的矢量贴图，操作者可以加载矢量图形作为纹理贴图，并按照动态分辨率对其进行渲染；无论将视图放大到什么程度，图形都将保持鲜明、清晰。通过包含动画页面过渡的PDF支持，操作者可以创建随着时间而变化的纹理，同时设计师可以通过对AutoCAD PAT填充图案文件的支持创建更加丰富与更具动态效果的CAD插图。此外，该功能还支持AI（Adobe Illustrator）、SVG、SVGZ等格式。

2. 法线凹凸贴图

法线凹凸贴图能修复导致法线凹凸贴图在3ds Max视口中与在其他渲染引擎中显示不同的错误。此外，现在使用"首选项"对话框中"常规"面板中的"法线凹凸"选项，可以优化其他程序创建的法线凹凸贴图，这些是以往版本所不具备的功能。

十二、摄像机中的新特性

摄像机中的新特性即是增加了透视匹配，通过新的"透视匹配"功能，操作者可以将场景中的摄影机视图与照片或艺术背景的透视进行交互式匹配。使用该功能，操作者可以轻松地将一个CG元素放置到静止帧摄影背景的上下文中，使其适合打印与宣传合成物。

十三、渲染中的新功能

1. mental ray渲染器

mental ray渲染器有一个新的、易于控制的"统一采样"模式，而且渲染速度比3ds Max早期版本使用的多过程过滤采样快得多。

新的"天光"选项可用于从一个或多个环境贴图，尤其是在高动态范围图像中能准确生成天光。

"字符串选项"卷展栏可用于在mental ray MI文件中按照操作者自己的喜好输入选项。

如果mental ray渲染器遇到致命错误，3ds Max

2020将继续运行，但要重新创建mental ray渲染，则需要重新启动3ds Max 2020。

2. iray渲染器

iray渲染器现在支持多种在早期版本可能不会渲染的贴图。这些贴图包括"棋盘格""颜色修正""凹痕""渐变""渐变坡度""大理石""Perlin 大理石""斑点""Substance""瓷砖""波浪""木材"与"mental ray海洋明暗器"。

新的解算器方法选项可用于启用能提高室内场景精度的采样器以及能提高焦散照明质量的采样器。"置换"设置已移到独立的卷展栏。使用"无限制"选项时，"渲染进度"对话框显示已执行的迭代的次数，进度条显示动画条纹，而不是绝对的百分比。

3. 渲染模式同步

单击菜单栏"渲染"按钮所弹出的菜单，现在已与"渲染设置"对话框中的"渲染"按钮的下拉菜单同步，即更改一个控件上的渲染模式会随之更改其他控件上的模式。

十四、视口新功能

1. Nitrous 性能改进

在3ds Max 2020中，复杂场景、CAD数据、变形网格的交互、播放性能有了显著提高，这要归功于新的自适应降级技术、纹理内存管理的改进、增添了并行修改器计算以及某些其他优化。Nitrous视口在多方面都有了更新，以提高速度。例如：改进了粒子流的播放性能；改进了场景包含大量实例化对象时的性能；改进了处理Auto CAD文件时的性能；改进了蒙皮对象的播放性能；改进了纹理管理；线框显示中的背面消隐。Nitrous 视口现在完全支持自适应降级，包括"永不降级"对象属性。

2. 支持Direct3D 11

它是利用Microsoft DirectX 11的强大功能，再加上3ds Max 2020对DX 11明暗器新增的支持，操作者可以在更短的时间内创建并编辑高质量的资源与图像。此外，凭借 HLSL（高级明暗处理语言）支持，新的 API 在3ds Max 2020中提供了DirectX 11

功能。在Windows 7系统上，Nitrous视口可以使用Direct3D 11。WindowsXP的用户仍然可以使用Nitrous Direct3D 9驱动程序。在不具有图形加速的Windows7系统上，Nitrous软件驱动程序同样可用。"显示驱动程序选择"对话框已更新，以反映这些更改。

3. 2D 平移／缩放

这能使操作者可以像平移、缩放二维图像一样操作"摄影机""聚光灯"或"透视"视口，而不影响实际的摄影机或灯光位置或"透视"视图的渲染帧。在匹配透视图、使用轮廓或蓝图构建场景以及放大密集网格进行选择时，此功能对线条的精确放置非常有帮助。此功能取代了早期版本中使用"锁定缩放／平移"复选框。

4. 切换最大化视口

当视口最大化时，可以按〈＋Shift〉键切换至另一视口。

十五、文件处理中的新功能

1. 位图的自动 Gamma 校正

保存与加载图像文件时，新的"自动 Gamma"选项会检测文件类型并应用正确的Gamma设置。这样，操作者就无须为典型渲染工作流程手动设置Gamma。启用了Gamma校正时，3ds Max 2020使用随它加载的位图文件一起保存的Gamma值，并随它所保存的位图文件一起保存该Gamma值。如果文件格式不支持Gamma值，则为8位图像格式使用Gamma 值第二节2，对浮点与对数图像格式使用值第一节0（无Gamma校正）。此外，状态集也已更新，以随所有文件一起正确保存Gamma。

2. 状态集

现在可以记录对象修改器的状态更改，这对渲染过程控制与场景管理非常有帮助。操作者还可以通过右键单击菜单控制状态集，而且"状态集"用户界面可以停靠在视口中，增加了可访问性。在3ds Max 2020与Adobe After Effects软件之间提供双向数据传输的媒体同步功能，现在支持文本对象。文本属性与动画属性现在可双向同步。状态集现在保存文件与正确的Gamma值。

3. 日志文件更新

日志文件现在包含列标题，条目包含添加条目的3dsMax.exe进程的进程与线程ID。同时运行的所有3dsMax.exe进程将写入同一个"Max.log文件"。

十六、自定义中的新特性

现在，操作者可以为菜单操作选择自定义图标。此选项位于菜单窗口的右键单击菜单中的"自定义用户界面"中的"菜单"面板上。

十七、帮助新特性

帮助进行了重新组织，使得查找信息更容易，而且与其他Autodesk Media或Entertainment产品中的帮助更加一致。此外，3ds Max 2020还创建了一个帮助存档。存档中的主题描述了将来不太可能更改的特性。

第二节　安装方法

一、解压下载的压缩包

打开解压文件夹找到"Setup.exe"文件，运行，安装3ds Max 2020中文版（图1-10）。

二、检查系统配置

进入安装界面。单击"安装"按钮进行安装（图1-11）。

三、安装许可协议

勾选"我接受"，单击"确定"按钮（图1-12）。

四、配置安装界面

设置安装路径，单击"安装"按钮（图1-13）。

图1-11　安装界面

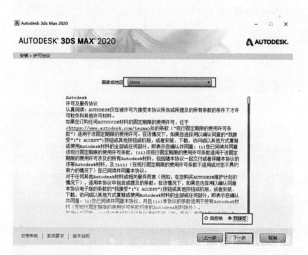

图1-12　安装许可

图1-13　配置安装路径

图1-10　解压运行Setup.exe文件

五、进入安装等待界面

等待一段时间就安装完成了（图1-14）。

六、产品信息界面

选择许可类型为"单机"，输入序列号"＊＊＊－＊＊＊＊＊＊＊＊"与产品密钥"＊＊＊＊＊＊"，单击"下一步"按钮（图1-15）。

图1-15　填写产品信息

七、语言转换

在计算机系统的开始菜单中找到3ds Max 2020的"Languages"文件夹，单击"3ds Max 2020-simplified Chinese"，即可转换到简体中文版了（图1-16）。

八、激活方法

（1）安装3ds Max 2020后，打开3ds Max 2020，单击右下角的"激活"按钮（图1-17）。

（2）在"激活选项"对话框中，有"立即连接并激活"与"我具有Autodesk提供的激活码"两种激活方式。一般建议选择前者，需要将该安装计算机连接互联网，根据互联网提示进一步输入激活信息。

图1-16　转换语言

图1-14　安装进度

图1-17　激活安装

如果选择后者，则需要向经销商索要激活码，具体操作各有不同，可以由经销商提供激活方法。

（3）用户还可以登录互联网，进入Autodesk中国官网www.autodesk.com.cn点击下载免费试用版。AUTODESK将提供最长30天的试用期（图1-18），查看系统要求，并在弹出的页面中选择下一步（图1-19），这里我们一块选择"企业或个人"或"学生或教师"，拥有相关文件的学生或教师最长可以享受长达3年的教育版授权（图1-20），注册与登录账号并提交相关文件即可下载教育版（图1-21）。查阅相关帮助文档获得激活信息（图1-22）。

（4）完成激活后即可正式使用（图1-23）。

图1-18　下载试用版

图1-19　下载要求

图1-20　选择对象

图1-21　注册下载教育版

图1-22　查阅文档获得激活信息

图1-23　激活完成

第三节　界面介绍

3ds Max 2020的界面布局与3ds Max 2010等以往版本的界面布局是一样的，内容包括菜单栏简介、主工具栏简介、命令面板简介及卷展栏简介4个部分，操作界面比较复杂。

一、菜单栏简介

3ds Max 2020操作界面的菜单栏主要提供了文件、编辑、工具、组、视图、创建、修改器、动画、图形编辑器、渲染、Civil View、自定义、脚本、内容、Arnold、帮助（H）共16个菜单命令（图1-24），菜单栏中常用的命令含义如下。

1. 文件菜单

文件菜单中包含了使用3ds Max文件的各种命令，使用这些命令可以创建新场景，打开并保存场景文件，也可以导入对象或场景（图1-25）。

2. 编辑菜单

编辑菜单包含从错误中恢复的命令、存放、取回的命令，以及几个常用的选择对象命令（图1-26）。

3. 工具菜单

工具菜单主要包含场景对象的操作命令，如阵列、克隆、对齐等，以及管理操作命令（图1-27）。

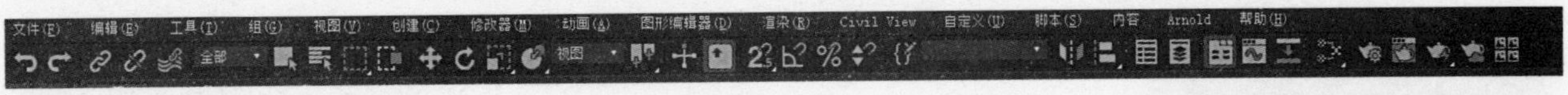

图1-24　菜单栏命令

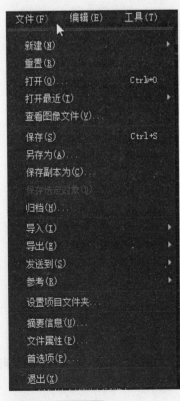

图1-25　文件菜单

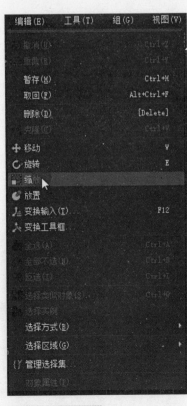

图1-26　编辑菜单

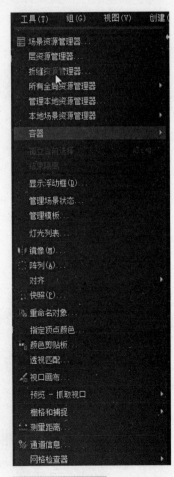

图1-27　工具菜单

图1-28 组菜单

4. 组菜单

组菜单中包含成组、解组、打开组、关闭组、附加组、分离组、炸开组、集合命令，主要是对场景中的物体进行管理（图1-28）。

5. 视图菜单

视图菜单主要用于调节各种视图界面，包括视口配置、视口背景颜色、设置活动视口等（图1-29）。

6. 创建菜单

创建菜单主要包括各种对象的创建命令，3ds Max 2020所提供的各种对象类型都可以在该菜单中找到（图1-30）。

7. 修改器菜单

修改器菜单中主要包含的是3ds Max 2020中的各种修改器，并对这些修改器进行了分类（图1-31）。

8. 动画菜单

动画菜单中主要包含各种控制器、动画图层、骨骼，以及其他一些针对动画操作的命令（图1-32）。

9. 渲染菜单

渲染菜单主要包含与渲染有关的各种命令，3ds Max 2020中的环境、效果、高级照明、材质编辑器等都包含在该菜单中（图1-33）。

图1-29 视图菜单

图1-30 创建菜单

图1-31 修改器菜单

图1-32 动画菜单

图1-33 渲染菜单

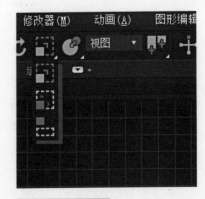

图1-34 主工具栏

图1-35 浮动工具窗口

二、主工具栏简介

主工具栏是整个3D制作时用得最多的工具栏，该工具栏包含一些常用的命令及相关的下拉列表选项，使用时，可以在工具栏中单击相应的按钮快速执行命令（图1-34）。单击主工具栏左端的两条竖线并拖动，可以使其脱离界面边缘而形成浮动工具窗口（图1-35）。如果主工具栏中的工具按钮含有多种命令类型，则单击该按钮不放，会弹出相应的下拉工具选项（图1-36）。

图1-36 工具选项

图1-37 命令面板

三、命令面板简介

命令面板位于3ds Max 2020操作界面的右侧，该面板包含创建、修改、层次、运动、显示、实用程序这6个命令类型（图1-37），如层次命令面板（图1-38）、显示命令面板（图1-39）。命令面板中主要命令类型的含义如下。

1. 创建命令

创建命令面板可以为场景创建对象，这些对象可以是几何体，也可以是灯光、摄影机或空间扭曲之类的对象。

图1-38 层次命令面板

图1-39 显示命令面板

2. 修改命令

修改命令面板中的参数对更改对象十分有帮助，除此之外，在修改面板中还可以为选定的对象添加修改器。

3. 层次命令

层次命令面板包括3类不同的控制项集合，通过面板顶部的3个按钮可以访问这些控制项。

4. 运动命令

运动命令面板与层次命令面板类似，具有双重特性，该面板主要用于控制对象的一些运动属性。

5. 显示命令

显示命令面板控制视口内对象的显示方式，还可以隐藏、冻结对象并修改所有的显示参数。

6. 工具命令

工具命令面板中包含一些实用的工具程序，单击面板顶部的更多按钮可以打开显示其他实用工具列表的对话框。

图1-40 卷展栏

四、卷展栏简介

在3ds Max 2020中，大多数参数通常会按类别分别排列在特定的卷展栏下，操作时可以展开或卷起这些卷展栏来查看相关的参数（图1-40）。进入显示命令面板，在面板中列出了6个卷展栏，此时，这些卷展栏都处于卷起状态。用鼠标单击这些卷展栏的题标就会展开卷展栏，显示其中的相关参数（图1-41）。

图1-41 显示面板

- 补充要点 -

注意熟悉界面

3ds Max 2020的操作界面比较复杂，但复杂中带有条理，在初学阶段，应始终把握好先创建，再修改的原则，任何模型都是如此。在"创建面板"中，尽量使用"标准基本体"中的各种成品模型，这样操作速度会很快。不要随意采用二维线型来创建模型，待后期修改就会遇到很多麻烦。至于"层次命令"与"运动命令"，一般不会用到，可以暂时不去熟悉。

第四节　视口布局

3ds Max 2020的默认视口布局能够满足大多数用户的操作需要，但如果用户有特殊要求，也可通过自定义菜单来自定义视口布局。本节对视口布局、视口显示、视口显示类型，以及视口操作工具等的相关知识进行介绍。

一、视口的布局

在视口左上角的视口"＋"处右击鼠标，在弹出的菜单中选择"配置视口"命令（图1-42）。在开启的视口配置对话框中切换到"布局"选项卡。在"布局"选项卡中可以设置视口的布局方式，3ds Max 2020提供了14种布局方式（图1-43）。

二、不同的视口显色类型

在激活视口左上角的视口名称上单击鼠标右键，在弹出的菜单中可以选择不同的视口视图（图1-44）。旁边的按钮可以选择不同的显示方法（图1-45）。

图1-42　配置视口

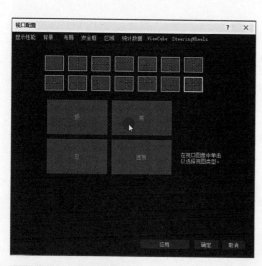

图1-43　视口布局类型

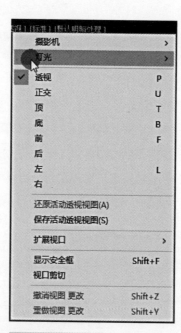

图1-44　视口视图

图1-45　视图显示方法

三、视口控件

在3ds Max 2020操作界面的右下角有针对视口操作的"视口工具"按钮，主要功能有8种（图1-46），使用这些工具能更方便地进行观察与操作。凡是右下角带有黑色小三角符号的按钮，表示这个按钮是按钮组，还有其他按钮隐藏在里面，按下鼠标左键保持1s不放，即可显示全部按钮（图1-47）。视口控件中各个按钮的含义依次如下。

1. 缩放按钮

使用缩放工具可以对当前所选择的视口进行缩放控制。

2. 缩放所有视图按钮

使用该工具可以对操作界面中所有视口进行缩放控制。

3. 最大化显示按钮

使用该按钮可以将当前激活视口中的对象最大化显示出来。

4. 所有视图最大化显示按钮

该按钮的功能与最大化显示按钮一样，只是它将视口中的对象都最大化显示。

5. 视野按钮

该按钮可以控制视口中的视野大小，当活动视口为正交、透视或用户三向投影视图时，有可能显示为缩放区域按钮。

6. 平移视图按钮

使用该按钮可以对视口进行平移操作。

7. 弧形旋转按钮

使用该按钮可以对视口进行各个方向的旋转操作。

8. 最大化视口切换按钮

使用该按钮可以在最大化视口与标准视口之间进行切换。

图1-46　视口工具功能

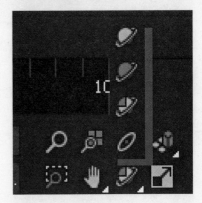

图1-47　隐藏按钮

四、其他视口操作命令

在视口操作命令中，除以上这些，还有一些视口的操作命令。显示栅格命令可以控制是否在视口中显示背景的栅格线，如在视口中显示栅格效果（图1-48），或在视口中不显示栅格效果（图1-49），或在视口中显示安全框（图1-50），快捷键为"Shift+F"。安全框显示是指显示一个由3种颜色线条围成的线框（图1-51），最外侧的线框是渲染的边界，中间的线框为图像安全框，内部的线框为字幕安全框，超出安全框外的对象将不显示在最终渲染图像中。

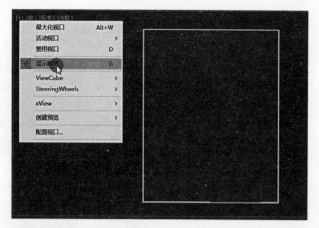

图1-48　视口显示栅格效果

图1-49　视口不显示栅格效果

图1-50　视口显示安全框

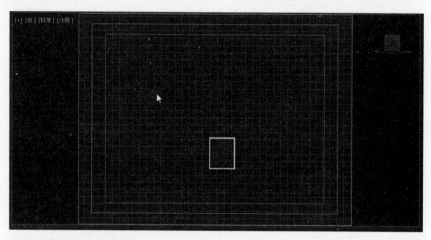

图1-51　安全框显示效果

本章小节

本章主要介绍了3ds Max 2020中文版入门阶段中的一些基础知识，通过本章的学习后，读者不仅能快速熟悉3ds Max 2020软件的基本操作，也为后面的深入学习打好扎实的基本功。

课后练习

1. 3ds Max 2020中文版软件的主要功能是什么？新增功能的优势有哪些？

2. 安装3ds Max 2020中文版，熟练3ds Max 2020中文版的工作界面。

3. 熟悉并了解界面布局中菜单栏和工具栏组成部分的功能作用。

4. 观察并操作视口布局和视口控件。

第二章
三维建模基本方法

PPT 课件

案例素材

操作教学视频

学习难度：☆ ☆ ☆ ★ ★
重点概念：基本体、二维转三维

◄ **章节导读**

　　三维建模是3ds Max 2020中最基础、最重要的三维模型，是各种效果图建模的制作基础。基本几何体可以在创建命令面板中的几何体类别下进行创建，二维转三维建模，属于比较复杂的三维模型。其形体变化自由，后期可任意修改。

第一节　标准基本体

　　标准基本体都有自身特定的参数，本节将对这些基本体的参数进行介绍。在创建面板中几何体类别下的对象X类型卷展栏中，3ds Max 2020提供了11种标准基本体（图2-1）。

一、创建基本体

　　标准基本体的运用简单快捷，是制作效果图的主要模型创建对象，在创建时应注意表面网格的数量不宜过多，够用即可。

　　1. **长方体与圆柱体对象类型**
　　长方体与圆柱体对象类型可以在场景中创建长方体或圆柱体对象。该对象包含长、宽、高、直径、半径、长度分段等参数（图2-2、图2-3）。

　　2. **球体与几何球体对象类型**
　　球体与几何球体对象类型可以在场景中创建球体与几何球体（图2-4），这两种类型都包含半径、分段等参数。这是更改创建参数后的

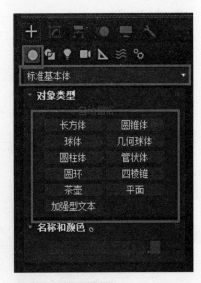

图2-1　几何体类别

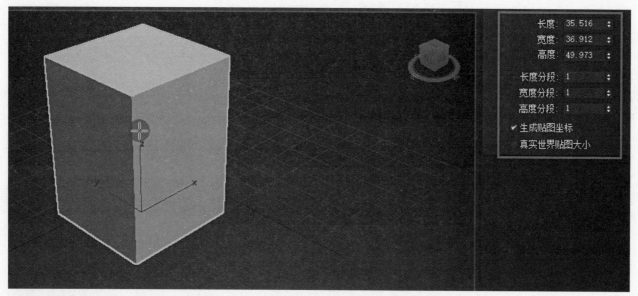

图2-2　长方体

图2-3　圆柱体

图2-4　球体与几何球体

模型效果（图2-5）。

3. 管状体对象类型

管状体对象类型可以在场景中创建管状体（图2-6），该对象类型包含半径、高度，及边数等参数（图2-7）。

4. 圆锥体对象类型

圆锥体对象类型可以在场景中创建圆锥体（图2-8），该对象类型包含半径、高度、高度分段等参数（图2-9）。

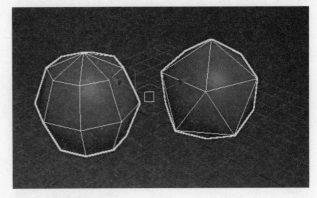

图2-5　球体模型效果

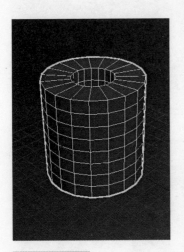

图2-6　管状体

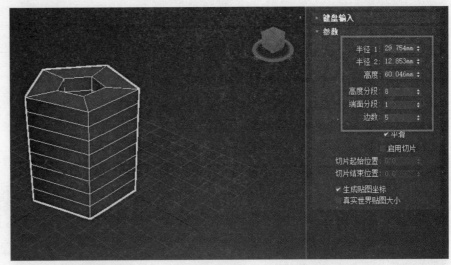

图2-7　管状体模型效果

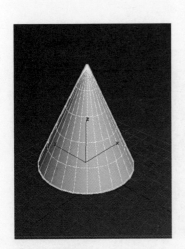

图2-8　圆锥体

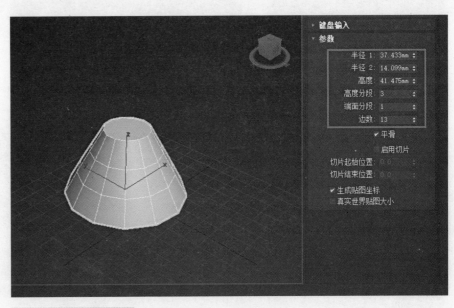

图2-9　圆锥体模型效果

5. 圆环对象类型

圆环对象类型可以在场景中创建圆环（图2-10），该对象类型包含半径、旋转、扭曲等参数（图2-11）。

6. 四棱锥对象类型

四棱锥对象类型可以在场景中创建四棱锥对象（图2-12）。

7. 平面对象类型

平面是没有厚度的平面实体（图2-13），不同的长度值决定平面在长、宽上的分段参数。

8. 茶壶对象类型

茶壶对象类型可以在场景中创建茶壶对象（图2-14），该对象类型由半径与分段参数决定其大小与表面光滑程度（图2-15）。

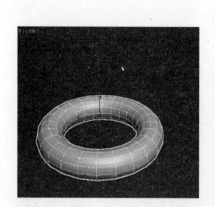

图2-10 圆环

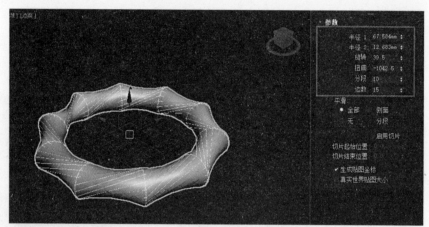

图2-11 圆环模型效果

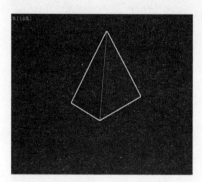

图2-12 四棱锥

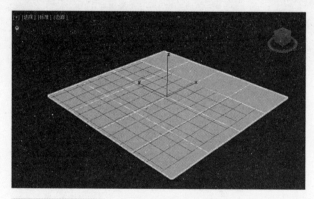

图2-13 平面实体

图2-14 创建茶壶

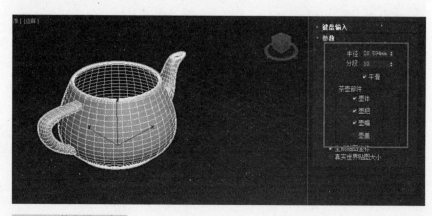

图2-15 茶壶模型效果

9. 加强型文本对象类型

加强型文本对象类型可以在场景中创建文本对象（图2-16），该对象类型由文本类型和挤出高度决定（图2-17）。

二、实例制作——书柜

本节将根据上节内容制作一个简单的书柜，具体操作步骤如下：

（1）新建一个场景，进入菜单栏，在"自定义"菜单中单击"单位设置"（图2-18），将"公制"单位设为"毫米"（mm），单击"系统单位设置"，将单位也设为"毫米"。这样在后续操作中就统一了输入数据单位，无须再次调整了（图2-19）。

（2）进入右侧创建命令面板，在"标准基本体"下选择"长方体"，在前视口中创建长方体（图2-20）。

（3）修改该长方体的参数，将"长度"设置为2000.0mm，"宽度"

图2-16　创建文本

图2-17　文本模型效果

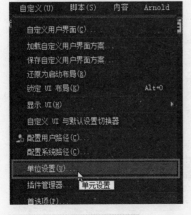

图2-18　自定义单位设置

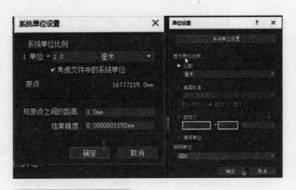

图2-19　系统单位设置

图2-20　创建长方体

设置为1500.0mm，"高度"设置为20.0mm（图2-21）。

（4）单击"最大化视口切换"按钮，将前视口最大化，继续创建一个长方体（图2-22），将"长度"设置为2000.0mm，"宽度"设置为20.0mm，"高度"设置为400.0mm（图2-23）。

（5）在工具栏中用鼠标左键按住"捕捉"工具不放，在下拉工具中选择"2.5维"捕捉按钮（图2-24），在捕捉开关上单击鼠标右键，在弹出的对话框中取消勾选"栅格点"，然后勾选"顶点"（图2-25）。

（6）使用"移动"工具，滑动鼠标滑轮将视口放大，用鼠标左键按住小长方体的左上角顶点不放，将其移到大长方体的左上角顶面，放开鼠标让其重合（图2-26）。

（7）按住〈Windows徽标〉键，并同时按下〈Shift〉键来循环活动视口，将视口切换到顶视口（图2-27），放大视口，将两个长方体重合的部分移动出来，并将小长方体的左上角捕捉到大长方体的左下角顶点（图2-28）。

图2-21　设置参数

图2-22　创建长方体

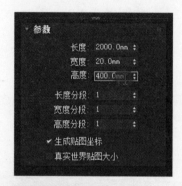

图2-23　设置参数

图2-24　捕捉选择按钮

图2-25　对话框设置

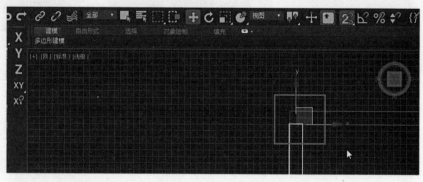

图2-26　移动重合

图2-27　切换视口

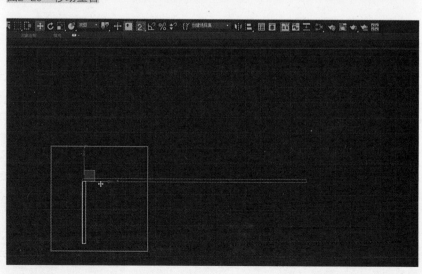

图2-28　移动对点

（8）选中小长方体，同时按住〈Shift〉键，将其在"X"轴的正方向上移动一定距离（图2-29），在弹出的克隆选项对话框中选择"实例"对象，将"副本数"设置为4，单击"确定"按钮（图2-30）。

（9）将最右边的小长方体的左上角捕捉到大长方体的左下角，并将其余3个小长方体调整到等分的位置（图2-31）。

（10）继续创建长方体，捕捉"大长方体的左上角"到"最右边小长方体的右下角"创建一个长方体，创建完成后将"高度"设置为20.0mm（图2-32）。

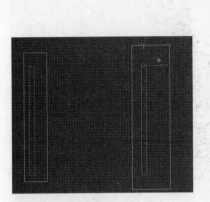

图2-29 横向移动

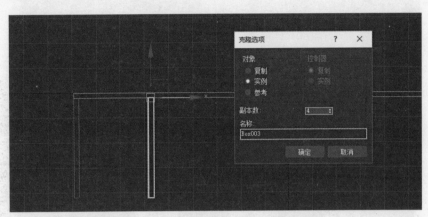

图2-30 克隆对象设置

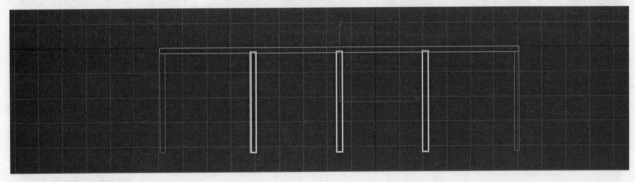

图2-31 对点调整位置

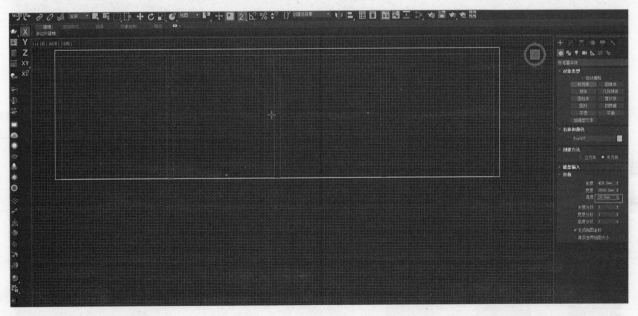

图2-32 创建长方体设置参数

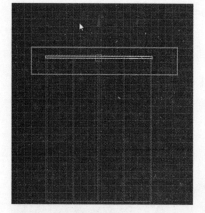

图2-33　移动对齐顶点

图2-34　实例复制

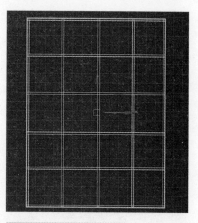

图2-35　对点调整位置

（11）按住〈Windows徽标〉键，并同时按下〈Shift〉键来循环活动视口，将视口切换到前视口，使用"移动"工具，将创建的长方体移到最上面，并使用"捕捉"工具将其对齐至顶点（图2-33）。

（12）按住〈Shift〉键，将该长方体在"Y"轴的负方向移动一定距离，并在弹出的"克隆选项"

对话框中将"副本数"设置为5，单击"确定"（图2-34）。

（13）将最下面的一个长方体的下面顶点使用"捕捉"工具对齐，按"S"键可以关闭"捕捉"功能，然后将其余的长方体在Y轴上移到等分的位置（图2-35）。

－ 补充要点 －

将零散模型组合能方便管理

　　当一件模型制作完成后要注意随时组合。没有组合的模型构件很容易被误选，且误选后还不容易被发现。很多初学者往往继续操作到一定阶段时，才发现某些前期制作好的模型莫名其妙"消失"了，或是挪动了位置，这给后续操作带来很多麻烦。因此，要时刻注意保持组合，才能提高操作效率。

（14）将视口切换到透视口，框选所有的长方体模型，展开菜单栏中的"组"菜单，选择"组"（图2-36），在弹出的组对话框中，将"组名"设置为书柜（图2-37）。

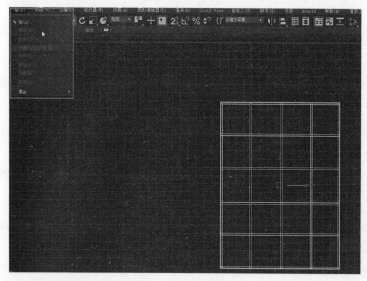

图2-36　切换视口组合

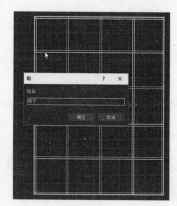

图2-37　成组命名

（15）这是将该书柜摆放饰品后的渲染效果（图2-38），关于VRay
材质与VRay灯光操作方法将在本书其后章节里详细介绍。

三、扩展基本体

扩展基本体比标准基本体具有更多的参数控制，能生成比基本几何
体更为复杂的造型。3ds Max 2020提供了13种扩展基本体类型，可以
根据不同的设计需要来选择相应的对象类型进行创建（图2-39）。

1. 异面体对象类型

异面体对象类型是在场景中创建异面体，默认状态下创建的异面体
（图2-40），该对象自身包含有5种形态，并可以通过修改P、Q参数值
调整模型的形态（图2-41）。

图2-38　渲染后效果图

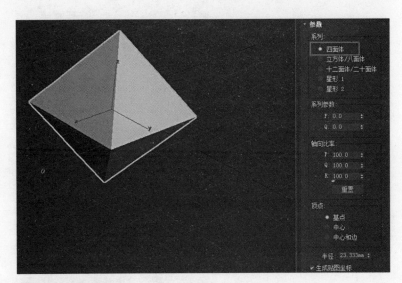

图2-40　创建异面体

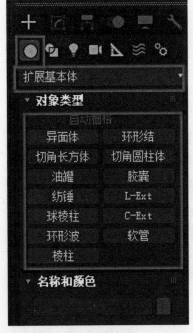

图2-39　扩展基本体类型

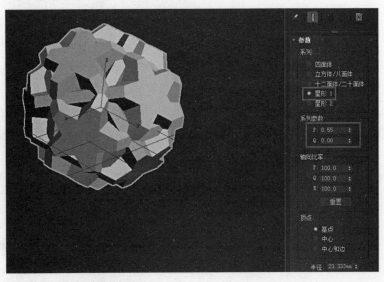

图2-41　异面体模型效果

2. 环形结对象类型

环形结对象类型是扩展基本体中较为复杂的工具，默认情况下的模型效果并无实际意义（图2-42），但可以根据需要更改模型参数，更改参数后的环形结模型形态如图2-43所示。

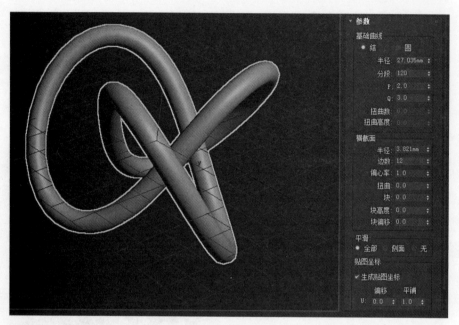

图2-42　创建环形结

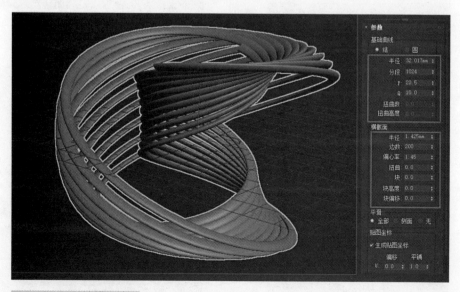

图2-43　环形结模型效果

3. 切角长方体对象类型

切角长方体对象类型可在场景中创建切角长方体（图2-44），该类型与长方体对象的区别在于前者能在边缘处产生倒角效果。

4. 切角圆柱体对象类型

切角圆柱体对象类型可在场景中创建圆角圆柱体（图2-45），"圆角"与"圆角分段"参数分别用来控制倒角的大小与分段数。

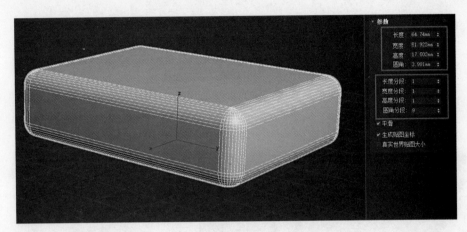

图2-44　切角长方体

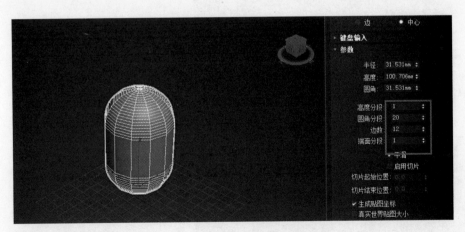

图2-45　圆角圆柱体

5. 油罐对象类型

油罐对象类型可在场景中创建两端为凸面的圆柱体（图2-46），"半径"参数用来控制油罐的半径大小，该对象可勾选"启用切片"，启用切片后的效果很独特（图2-47）。

6. 胶囊对象类型

胶囊对象类型可创建出类似药用胶囊形状的对象（图2-48）。

7. 纺锤对象类型

纺锤对象类型可以创建出类似陀螺形状的对象（图2-49）。

8. L-Ext对象类型

L-Ext对象类型可以创建类似L形状的墙体对象（图2-50）。

9. C-Ext对象类型

C-Ext对象类型可以创建类似C形状的墙体对象（图2-51）。

10. 球棱柱对象类型

球棱柱对象类型的圆角参数可以创建带有圆角效果的多边形（图2-52）。

11. 环形波对象类型

环形波对象类型可以创建一个内部有不规则波形的环形（图2-53）。

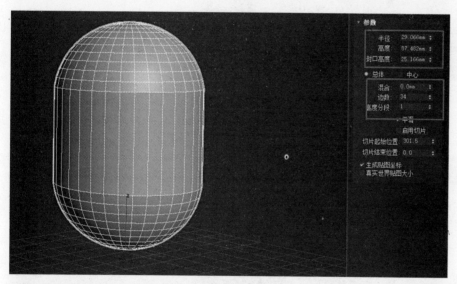

图2-46 凸面圆柱体

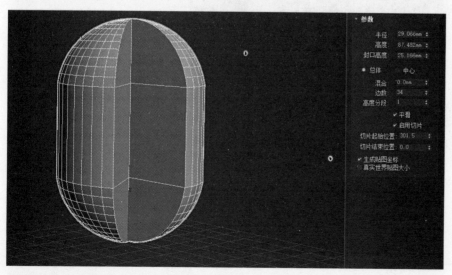

图2-47 切片效果

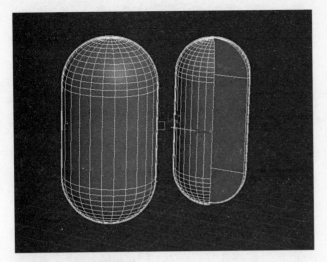

图2-48 类似胶囊形状

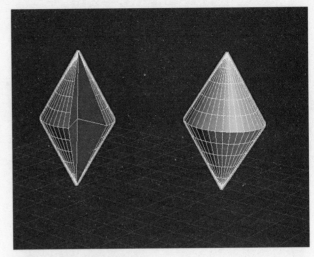

图2-49 类似纺锤陀螺形状

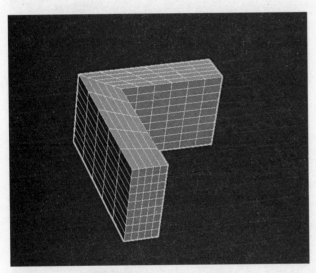

图2-50 类似L形状的墙体

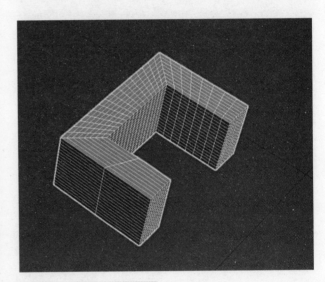

图2-51 类似C形状的墙体

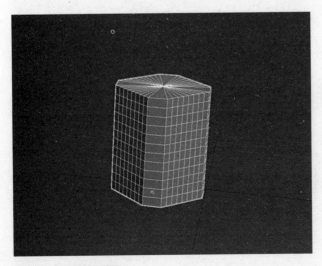

图2-52 创建球棱柱

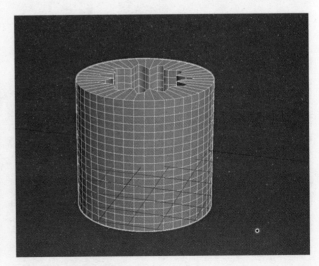

图2-53 创建环形波

12. 软管对象类型

软管对象类型可以创建类似弹簧的软管形态对象，但不具备弹簧的动力学属性（图2-54）。

13. 棱柱对象类型

棱柱对象类型可以创建形态各异的棱柱（图2-55）。

四、实例制作——沙发

本节示范利用切角长方体制作沙发，具体操作步骤如下：

（1）新建一个场景，进入菜单栏，在"自定义"菜单中单击"单位设置"，将"公制"单位设为"mm"，单击"系统单位设置"，将单位也设为"mm"。

（2）进入创建面板打开创建面板的下拉菜单，选择"扩展基本体"（图2-56），再选择"扩展基本体"中的"切角长方体"，创建一个切角长方体（图2-57）。

（3）进入修改面板，调整创建模型的各项参数，将"长度"设置为500.0mm，"宽度"设置为1500.0mm，"高度"设置为170.0mm，"圆角"设置为25.0mm，接着将"长度分段""宽度分段""高度分

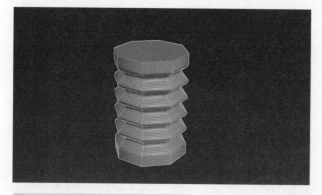

图2-54　创建类似弹簧的软管形态

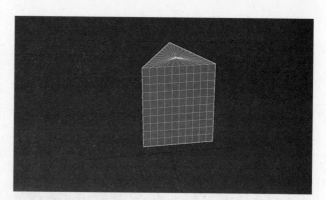

图2-55　创建棱柱

图2-56　扩展基本体

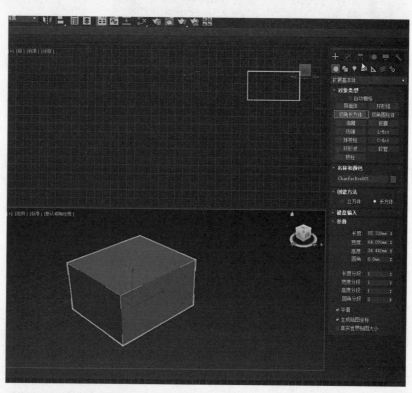

图2-57　创建切角长方体

段"都设置为1，将"圆角分段"设置为5（图2-58）。

（4）进入前视口，使用"移动"工具，同时按住〈Shift〉键将其向上移动复制1个（图2-59）。

（5）选择复制的切角长方体，在修改面板中调整其参数，将"长度"设置为500.0mm，"宽度"设置为500.0mm，"高度"设置为170.0mm，"圆角"设置为50.0mm（图2-60）。

（6）进入前视口，使用"移动"工具，将其移到与下面切角长方体左边缘对齐的位置，再将其向右复制2个（图2-61）。

（7）在顶视图中创建1个切角长方体（图2-62），修改其参数，将"长度"设置为500.0mm，"宽度"设置为160.0mm，"高度"设置为440.0mm，"圆角"设置为25.0mm（图2-63）。

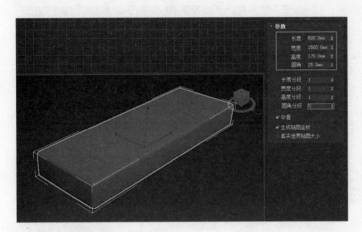

图2-58 调整参数

图2-59 移动复制

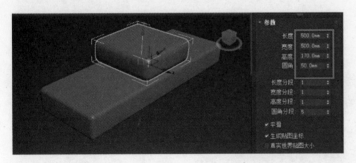

图2-60 调整参数

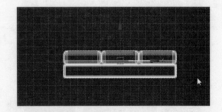

图2-61 对齐复制

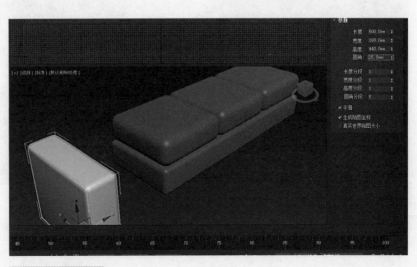

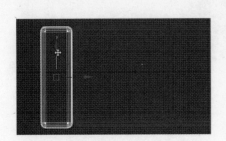

图2-62 创建切角长方体

图2-63 调整参数

（8）设置完成后，在前视口中将其移动好位置，再将其复制1个到右边对称的位置放好（图2-64）。

（9）在顶视口再创建1个切角长方体（图2-65），进入修改面板修改其参数，将"长度"设置为160.0mm，"宽度"设置为1840.0mm，"高度"设置为550.0mm，"圆角"设置为25.0mm（图2-66）。

（10）按住鼠标左键，框选所有切角长方体，再修改命令面板右上角为对象选择同一颜色（图2-67）。

（11）最后将其空间中设置灯光，并给模型附上材质，这是渲染后的效果（图2-68）。

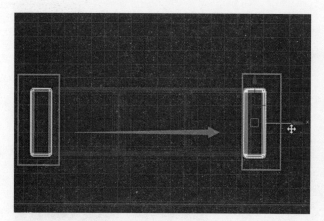

图2-64　移动复制

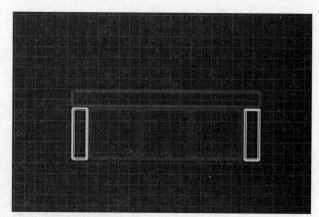

图2-65　创建切角长方体

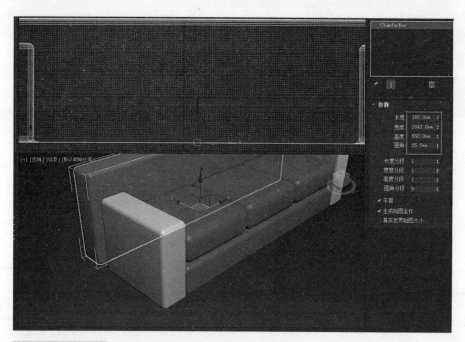

图2-66　调整参数

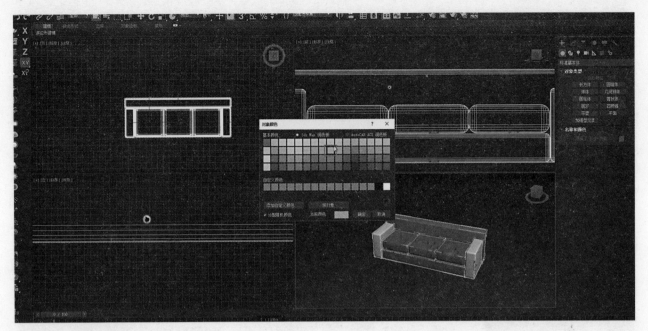

图2-67　框选填充颜色

图2-68　渲染后效果图

第二节　二维转三维建模

一、二维形体

图2-69　二维图形

二维图形是由一条或多条曲线组成的对象，在3ds Max 2020中，可以将二维图形转换为三维模型，二维图形可以在创建命令面板的"二维图形"类别下进行创建。在3ds Max 2020中，所有二维图形都可以称为样条线，主要提供了12种标准的样条线（图2-69），下面介绍主要的样条线。

1. 线对象类型

线对象类型是最简单的二维图形，可以使用不同的拖动方法，创建不同形状的线，如直接在视口区点击两个点就能创建一条直线。如果在点击点的时候，还同时拖动鼠标，就能创建弧线，也可以先创建直线，再将直线修改为弧线，最终可以形成曲直结合的自由线条（图2-70）。

2. 矩形对象类型

矩形对象类型由长、宽、角半径等参数控制其形态，不同参数值的形状不同（图2-71）。

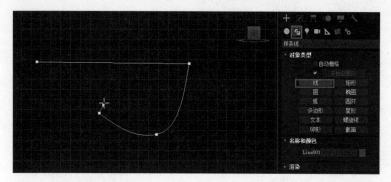

图2-70　曲直线条效果

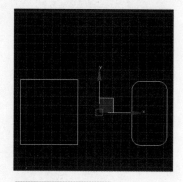

图2-71　不同矩形

－ 补充要点 －

二维图形创建模型

采用二维图形创建模型是最传统的方式，它能创建出各种具有弧线形体的三维模型，而且可以随意变换形体结构，在效果图中应用较多，但二维图形的创建速度较慢，因此，能用三维建模创建的模型一般不用二维图形创建。

3. 圆对象类型

圆对象类型由半径控制,圆环对象类型可以创建标准的圆环图形,椭圆对象类型由长度与宽度参数控制,也可利用轮廓创建椭圆环,可以利用这3种类型创建不同的效果(图2-72)。

4. 弧对象类型

弧对象类型可以创建圆弧与扇形,而使用螺旋线对象类型则可以创建平面或三维空间的螺旋状图形,这是弧与螺旋线的效果(图2-73)。

5. 多边形对象类型

多边形对象类型可以创建任意边数或顶点的闭合几何多边形(图2-74)。

6. 星形对象类型

星形对象类型可以创建任意角度的完整闭合星形,星形角的数量可以根据需要随意设置(图2-75)。

7. 文本样条线对象类型

文本样条线对象类型是在场景中创建二维文字的工具,在创建面板的图形类别下选择"文本"类型,面板下面显示出"参数"卷展栏(图2-76)。在文本框中输入内容"3DS MAX 2020",在前视图中单击鼠标左键,即可在该视口中创建文本对象(图2-77)。文字的修改面板与Word中的面板相似,可以根据需要进行调节(图2-78)。

8. 卵形对象类型

卵形对象类型是3ds Max 2020新增的对象,可以创建类似鹅卵石形状的图形,也可创建环形的卵形,可以变化的余地较大,能用于创建不规则的模型(图2-79)。

图2-72　圆环与椭圆

图2-73　弧与螺旋线

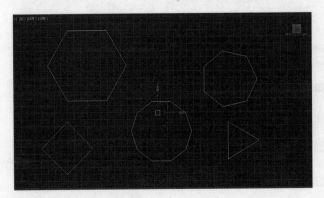

图2-74　几何多边形效果

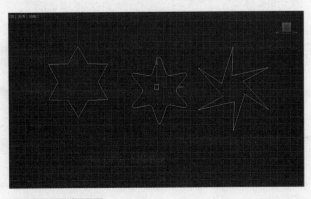

图2-75　星形效果

图2-76 创建文字

图2-77 文本对象

图2-78 调整文字

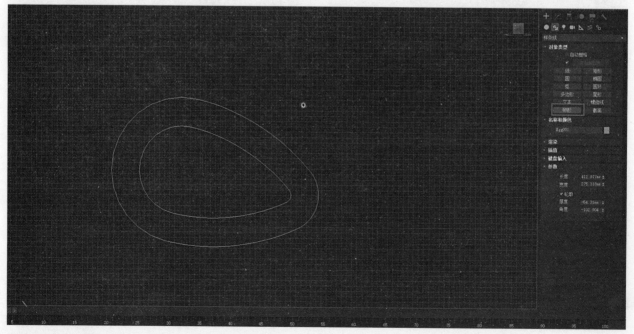

图2-79 环形卵形

二、从三维对象上获取二维图形

截面是基本二维图形中比较特殊的一种图形，该类型可以从三维对象上获取二维图形，其截面是指平面穿过三维对象时所形成的截面边缘形态。

（1）打开本书素材中自带场景的一个"灯"模型（图2-80）。

（2）在图形创建面板中选择"样条线"，单击"截面"按钮，再在前视口中创建一个截面图形，并适当调节其位置，让其完全穿透"灯"体（图2-81）。

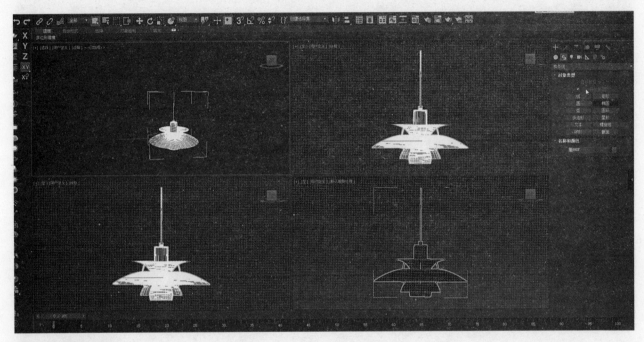

图2-80 "灯"模型

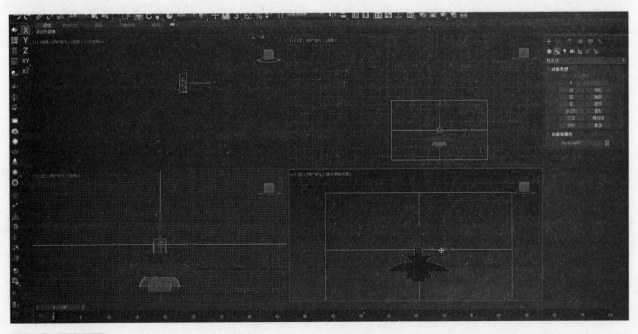

图2-81 截面图形

（3）在图形的修改面板中单击"创建图形"，在弹出"命名截面图形"的
对话框中输入图形的名称（图2-82）。

（4）选择创建的截面并隐藏未选中对象，此时，在视口中可看到通过截
面图形创建的截面形态（图2-83）。

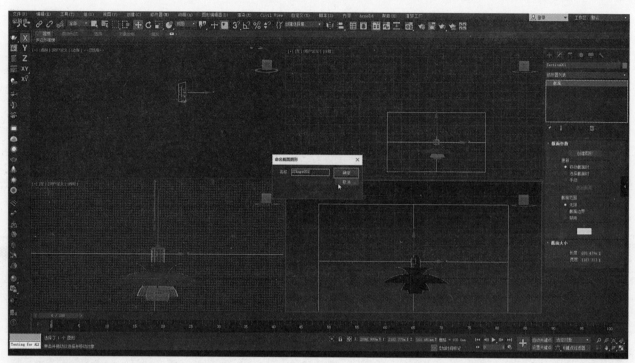

图2-82　命名图形

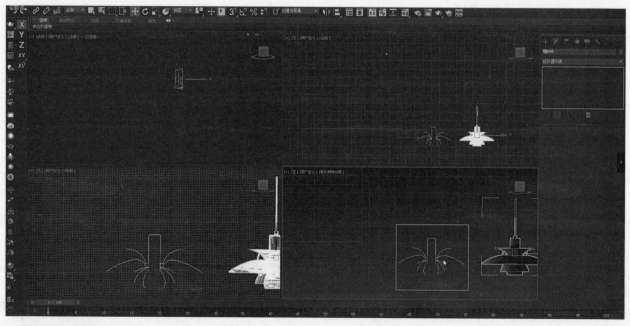

图2-83　截面形态

三、扩展二维图形

1. 矩形封闭图形

矩形封闭图形与圆环类似，只不过它是由两个同心矩形组成的，利用该类型可以在视口中创建矩形墙（图2-84）。

2. 通道对象类型

通道对象类型可以创建C形的封闭图形，并可以控制模型的内部及外部转角的圆角效果（图2-85）。

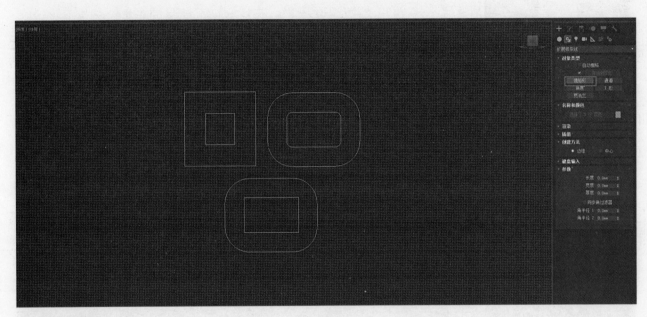

图2-84　矩形墙

图2-85　C形封闭图形

3. 角度对象类型

角度对象类型可以创建一个L形的封闭图形，也可以控制内部及外部转角的圆角效果（图2-86）。

4. T形对象类型

T形对象类型可以创建一个T形的封闭图形，而宽法兰对象类型可创建一个工字形的封闭图形（图2-87）。创建二维形体后需要添加修改器，或经过放样等操作才能变成真正的三维模型，满足设计要求。

图2-86　L形封闭图形

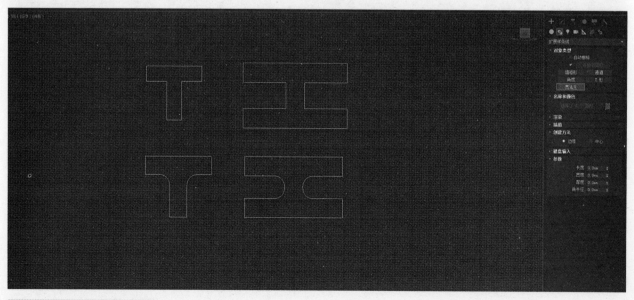

图2-87　T形、工形封闭图形

四、线的控制与编辑样条线

1. 线的控制

线的控制是利用修改器对已创建的线对象进行调节与变形，通过这些调节与变形就可以得到需要的设计图形，从而进一步生成三维形体。

（1）进入创建面板单击"线"按钮，在顶视口中创建一条封闭的线（图2-88）。

（2）进入修改面板展开"Line"级别，选择"顶点"，使用"移动"工具调节样条线中的点（图2-89）。

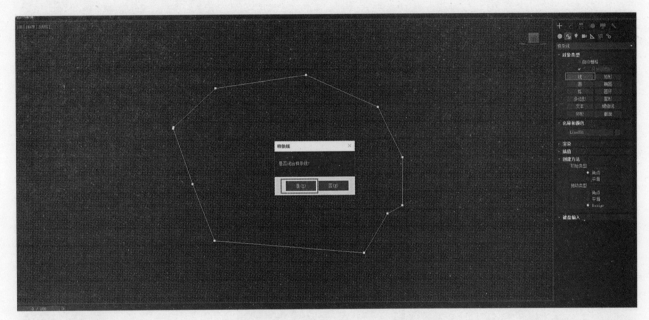

图2-88 封闭的线

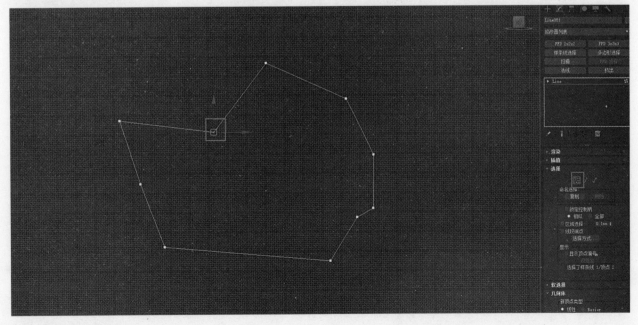

图2-89 调节样条线

（3）进入"线段"级别可以对样条线中的线段进行调节（图2-90），进入"样条线"级别就可以对整个样条线进行调节。

（4）回到"顶点"级别，选择视图中的"顶点"，单击右键即能修改顶点的类型（图2-91）。

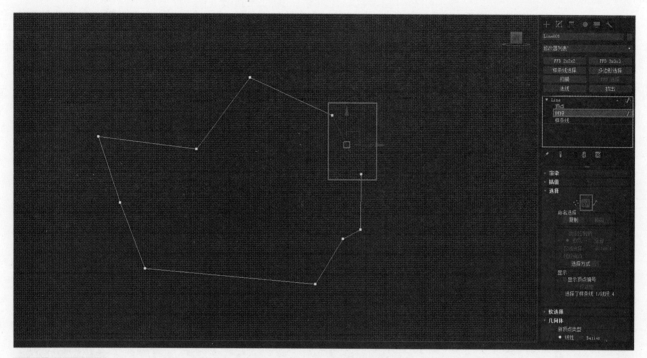

图2-90　线段调节

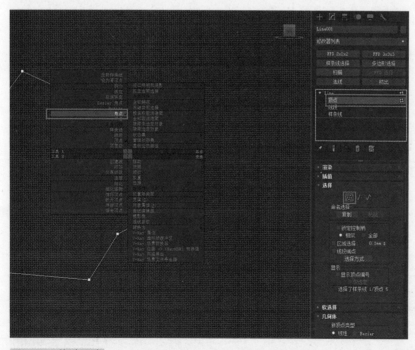

图2-91　修改顶点

- 补充要点 -

二维线型控制方式

对二维线型控制的方式很多，要熟练掌握需要一段时间强化训练。注意在控制线的角点时，不要随意更换视口，否则角点的位置容易混乱，可能无法使用修改器进一步操作，也就无法生成三维模型。

（5）如果单击"平滑"命令，可以将该顶点转为平滑顶点（图2-92）。

（6）再次单击右键，选择"Bezier"命令，可以将该顶点转为"Bezier顶点"，还可以运用顶点两边的控制杆对该顶点进行调节（图2-93）。

图2-92　平滑顶点

（7）单击右键，选择"Bezier角点"命令，可以将该顶点转为"Bezier角点"，也能通过调节控制杆对其进行调节，但是它与"Bezier"的区别是，"Bezier角点"顶点两端的控制杆可以分开调节，互不干扰（图2-94）。

图2-93　顶点调节

2. 编辑样条线

编辑样条线是对一些不可进行编辑的样条线进行编辑的工具，运用这个修改工具可以做出各种各样的样条线，编辑样条线的运用步骤如下：

（1）进入创建面板，进入"样条线"级别，在顶视图创建一个矩形（图2-95）。

图2-94　顶点分开调节

（2）进入修改面板，只能调节其长、宽、弧半径。现在单击菜单栏"修改器"中的"片面／样条线编辑"层级下的"编辑样条线"（图2-96）。

（3）回到修改面板，展开"编辑样条线"，就可以对其顶点、线段、样条线进行调节了（图2-97）。

图2-95　创建矩形

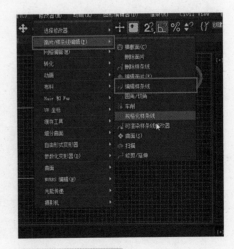

图2-96　编辑样条线

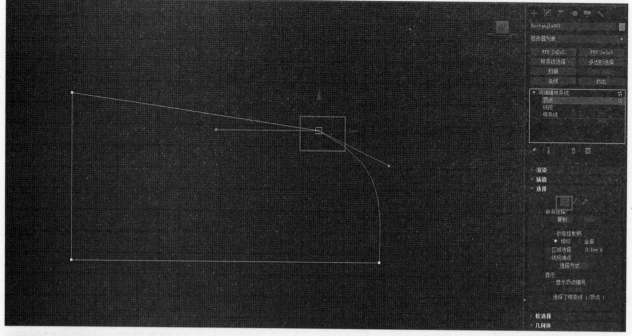

图2-97　调节线条

五、二维形体修改器

1.“挤出”修改器

“挤出”修改器是将没有高度的二维图形挤出至一定高度，让其成为三维图形。使用“挤出”修改器可以更方便地制作出三维几何体。

（1）在场景顶视图中创建一个二维图形，如星形（图2-98）。

图2-98　创建星形

（2）进入修改器命令面板，展开修改器列表，从列表中找到"挤出"修改器，并单击选择（图2-99）。在挤出修改器的"数量"里面输入任意数值，如100.0mm。

（3）观察透视图中，二维图形经挤出后即形成三维六角星模型（图2-100）。

2."车削"修改器

"车削"修改器是将二维图形沿着某个轴旋转成三维图形，本节以高脚杯为例进行示范，具体步骤如下：

（1）在前视图中，创建高脚杯形状的基本轮廓线（图2-101）。

（2）进入修改命令面板，对其顶点进行调节，将顶点进行移动与变形，调节到设计形状（图2-102）。

图2-99 挤出命令

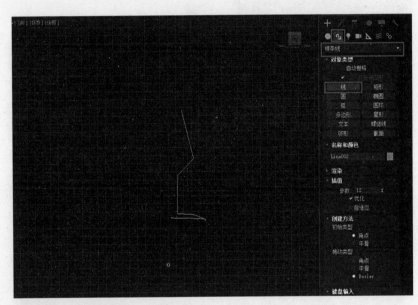

图2-101 高脚杯形状

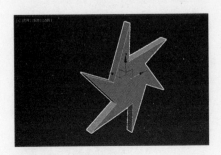

图2-100 六角星模型

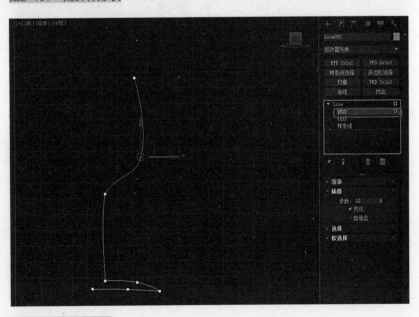

图2-102 调节形状

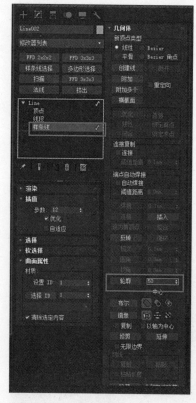

图2-103 样条线轮廓

（3）进入"样条线"级别，在"轮廓"后输入50（图2-103）。

（4）再次进入"顶点"层级，将杯口的两个顶点移至同一水平面上，并将其左侧（即杯口内侧）顶点转换为"Bezier角点"，调节控制杆将杯口变得平滑（图2-104）。

（5）打开修改器列表，找到"车削"修改器单击选择（图2-105）。

（6）进入修改器，打开"车削"层级，单击"轴"，使用"移动"工具，向左移动"轴"，这时就生成了高脚杯的模型，并设置相应参数（图2-106）。

（7）回到透视图观察效果，如果仍有不足，可继续进行调节形状，直至符合设计要求（图2-107）。将此高脚杯使用Vray渲染器渲染后的效果如图2-108所示。

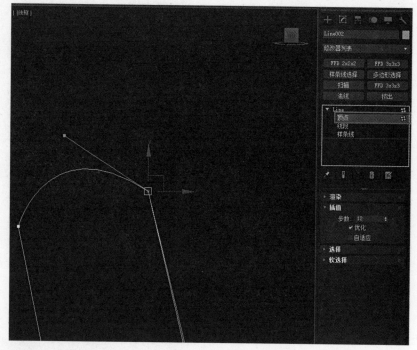

图2-104 平滑顶点

- 补充要点 -

"车削"修改器

"车削"修改器的生成模型速度较快，但要特别注意旋转轴的上、下角点必须在同一垂直位置，稍有偏差就无法获得完整的三维模型。虽然生成三维模型后还可以回到"Line"级别中进行修改，但对于复杂的模型，反复操作会使计算机出错或停滞。

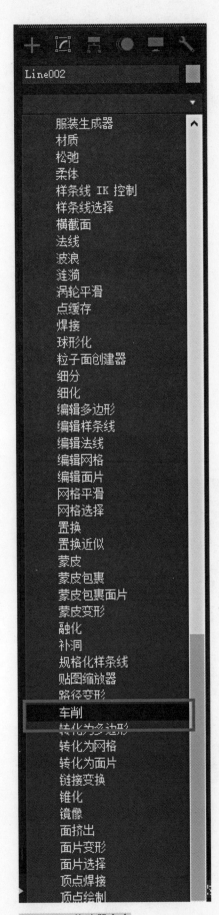

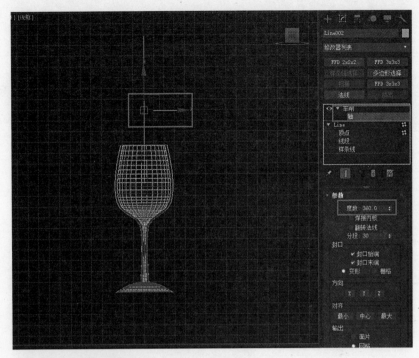

图2-106　高脚杯模型

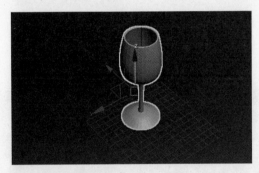

图2-107　调节形状

图2-105　修改器命令

图2-108　高脚杯渲染后效果

- 补充要点 -

三维文字

现代装修效果图中少不了会用到文字，虽然可以使用Photoshop在后期添加，但效果不及真实的三维模型。一次输入文字的数量不宜超过20个，对于长篇幅文段应另起空白文件制作，并单独保存，待渲染之前再合并到场景中来，否则，计算机的运算负荷会很大，有导致其长期停滞不前的风险。

六、实例制作

1. 倒角文字

倒角是将物体尖锐的边缘变平滑的修改器，本节以立体字为例做示范，步骤如下：

（1）在前视口创建文字"3DS MAX 2020"，将文字"大小"设置为800.0mm（图2-109）。

（2）在修改器列表中为创建的文字添加一个"倒角"修改器（图2-110）。

（3）将下面"级别1"中的"高度"设置为100.0mm，勾选"级别2"，也输入相应数值（图2-111）。这时会看到文字前面出现了倒角效果（图2-112）。

图2-109　创建文字

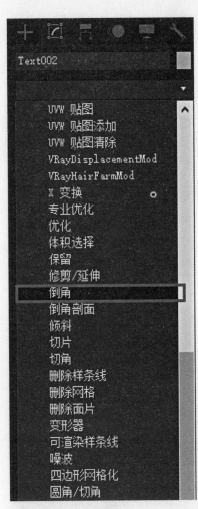

图2-110 修改器命令

图2-111 设置数值

图2-112 倒角效果

（4）给文字模型添加灯光，赋予材质后的效果会显得非常真实（图2-113）。

2. 花式栏杆

"可渲染样条线"修改器是能将不可渲染的二维样条线变为可渲染三维模型的工具，这节以栏杆为例示范，操作步骤如下：

（1）先建立一个较大的平面（图2-114）。

（2）在顶视口中开启2.5维捕捉，捕捉平面的一条直线（图2-115）。

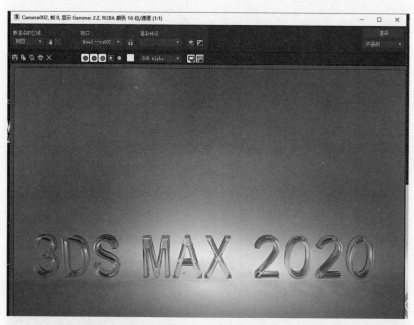

图2-113　汉字渲染后效果

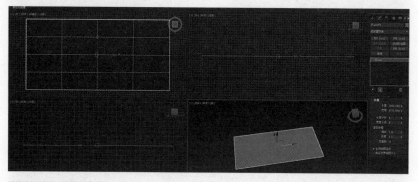

图2-114　建立平面

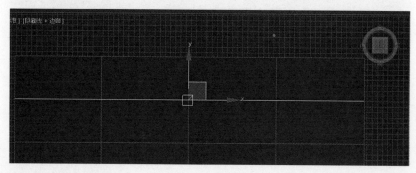

图2-115　捕捉直线

（3）给这两条线分别添加"可渲染样条线"修改器（图2-116）。

（4）将水平线的"径向厚度"设置为100.0mm（图2-117），将垂直线的"径向厚度"设置为60.0mm（图2-118），同时勾选"在渲染中启用""在视口中启用"。

（5）在顶视口中创建一个圆环，更改其半径1为350.0mm，半径2为160.0mm，径向厚度60，同时勾选"在渲染中启用""在视口中启用"（图2-119）。

（6）在顶视口中选择垂直栏杆并按住〈Shift〉键，将其向右平行复制一个，并调整其长短（图2-120）。

（7）选中圆环及两条直线，按住〈shift〉键复制，在弹出的窗口中选择，对象类型：实例，副本数：8（图2-121）。

（8）将最右边复制多出的圆环删除，并调整模型之间的距离，排列成组（图2-122）。

（9）将该场景添加灯光材质后，经过渲染得到效果（图2-123）。

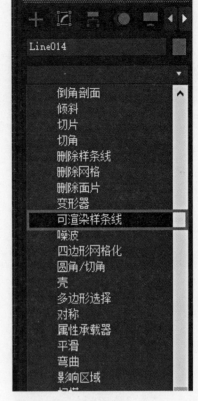

图2-116　修改器命令

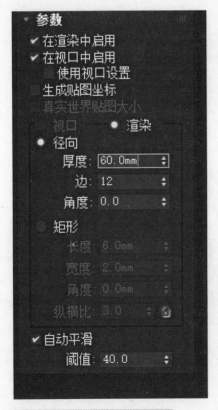

图2-117　水平线径向厚度设置

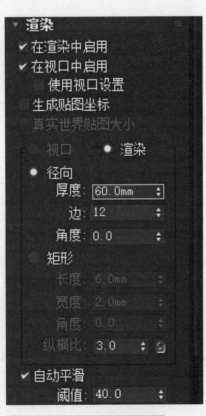

图2-118　垂直线径向厚度设置

图2-119　设置圆环参数

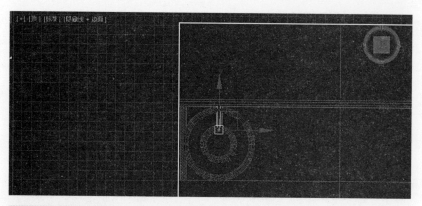

图2-120　平行复制

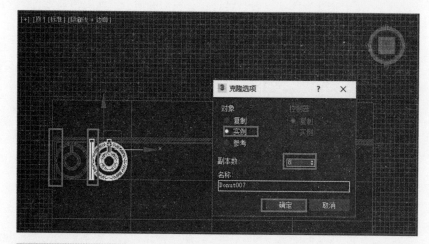

图2-121　克隆对象图

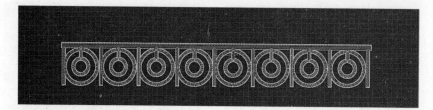

图2-122　调整距离

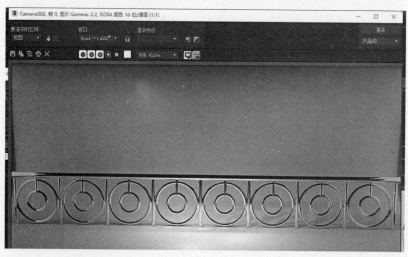

图2-123　渲染后效果

本章小结

　　本章介绍了3ds Max 2020中文版中三维建模的基本体类型和二维转三维的模型创建，接着还学习了线条修改编辑模型，通过本章的学习内容，读者可以制作不同的图形创建模型，了解并掌握修改命令和控制模型技巧。

课后练习

1. 什么是二维、三维？
2. 基础三维建模的注意事项有哪些？
3. 怎样用二维形体转换成三维模型？
4. 熟练创建各类基本体的几何造型和二维转三维修改器命令。
5. 结合基本体类型，创建书柜和沙发。
6. 运用修改器命令，创建个人签名文字类三维模型和花式栏杆三维模型效果。

第三章
布尔运算与放样

PPT 课件

案例素材

操作教学视频

学习难度：☆☆ ★ ★ ★
重点概念：曲线模型、运算、放样、
　　　　　变形

◀ 章节导读

　　布尔运算与放样是3ds Max 2020中创建曲线体模型的基本方法，两者通常组合运用，能创建各种常用的曲线体模型。在制作装修效果图时会经常用到这两种工具，它们创建速度快，能制作常用的曲面体模型，且占用内存少，模型的性能较稳定。在本章，应该重点掌握各种布尔运算类型之间的差别，特别要注意差集运算类型的拾取顺序，不同的拾取顺序会产生不同的效果。

第一节　布尔运算

一、布尔运算

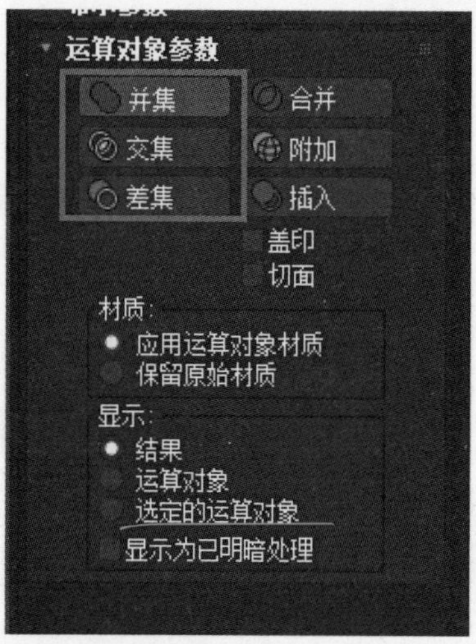

　　布尔运算是使用率非常高的生成新对象的方法，其使用比较简单。下面介绍常用的4种运算类型（图3-1）。

1. 并集

　　并集可以将多个相互独立的对象合并为一个对象，并忽略两个对象之间相交的部分。在视口中分别创建相交在一起的立方体与球体，此时，这两个对象为相互独立的对象（图3-2）。选择球体对象，在创建面板的下拉菜单中选择"复合对象"中的"布尔"（图3-3），选择"操作"选项中的"并集"运算类型，拾取立方体对象，完成后两个对象就合并成一个对象（图3-4）。

图3-1　运算参数

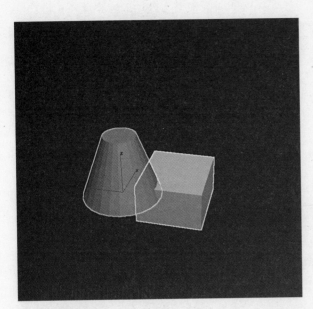

图3-2 相交形体

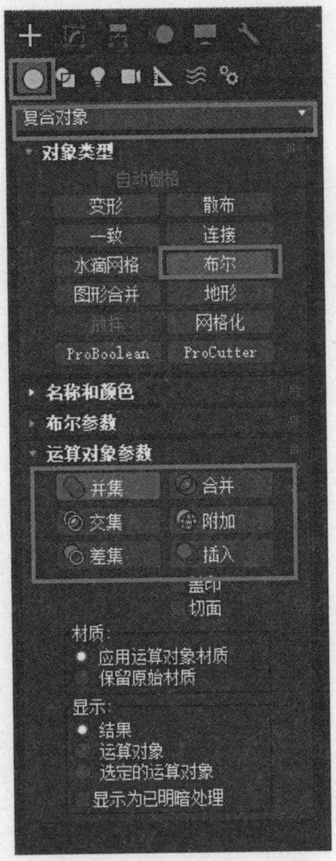

图3-3 复合命令

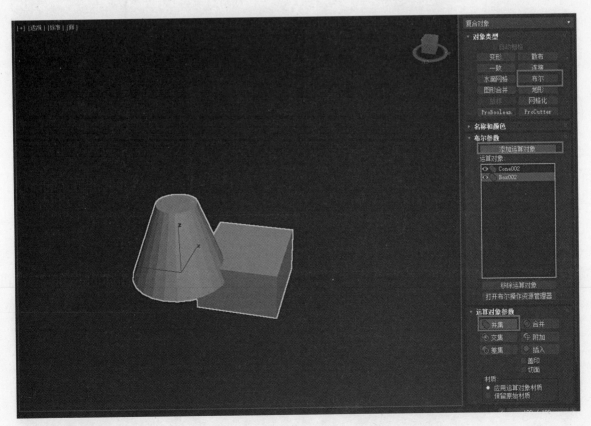

图3-4 并集图形

2. 交集

交集用于两个连接在一起的对象，进行布尔运算能使两个对象的重合部分保留，而删除不重合的部分。还以前面的场景为例，选择圆锥体，再选择"交集"运算类型，然后拾取立方体（图3-5）。

3. 差集

差集可以从一个对象上减去与另一个对象的重合部分，当两个物体交错放在一起，即能从圆锥体中减去立方体构造（图3-6）。

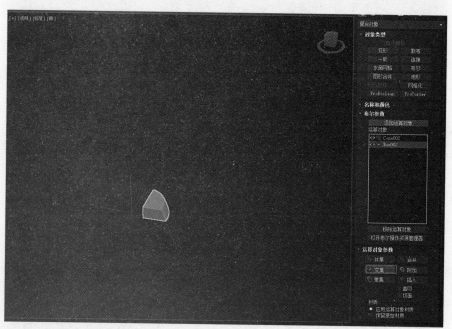

图3-5　交集图形

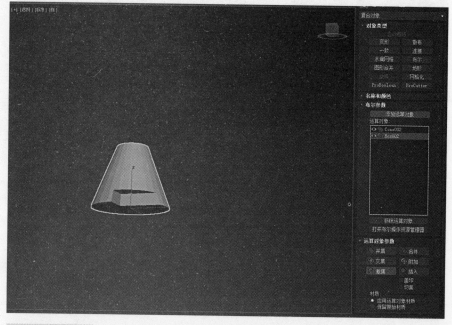

图3-6　差集图形

4. 交集+切面

交集+切面是将两个对象的不重合部分删除，并将重合部分进行截面裁切（图3-7）。

以上是4种常用类型，还有其他3种不常用的运算类型（图3-8），可以根据需要试用其效果，除此之外，还有选择材质、显示运算对象等功能（图3-9）。

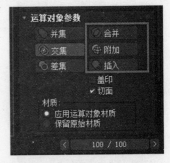

图3-8 不常用的运算类型

图3-9 显示功能

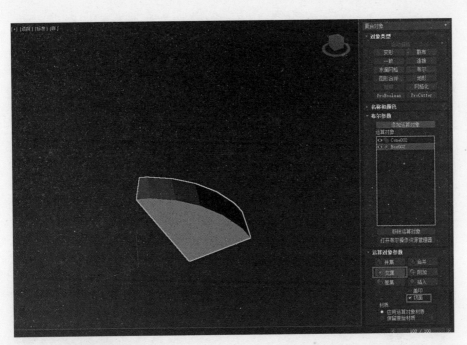

图3-7 交集切面图形

— 补充要点 —

布尔运算操作

布尔运算操作很容易失误，主要表现为部分模型缺失、变形、破损，因此，应当注意以下3个要点。

1. 在布尔运算之前应该及时保存好模型，或将模型另存一份。

2. 两个模型的表面网格应基本相同。

3. 尽量只进行一次布尔运算，避免在相同模型上进行反复、多次布尔运算。

在布尔操作过程中，图形的排列顺序是十分重要的，为了方便初学者快速了解布尔原理，在需要多次布尔运算时，建议将多个需要运算的物体附加至一体，减轻运算的复杂程度。

二、多次布尔运算

进行多次布尔运算的时候很容易出现错误，因此，需要预先将多个对象连接在一起，再进行一次布尔运算。

进行布尔运算时如果连续拾取对象就会出现错误，如对场景中的多个物体进行集布尔运算，拾取全部物体（图3-10），全选差集时，就只剩下右下角一个八面体的一部分了（图3-11）。

这时，要对场景中的4个八面体进行布尔运算，就应该预先将4个八面体连接在一起，再进行一次布尔运算。可以选择场景中的1个八面体，将其添加

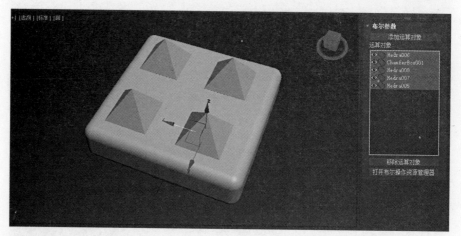

图3-10　多次布尔运算

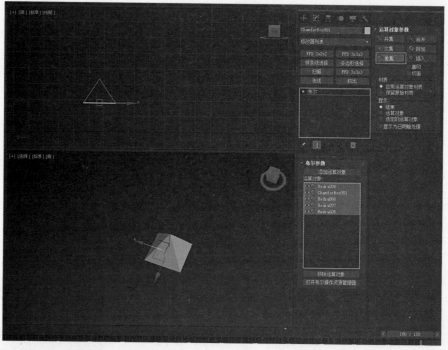

图3-11　差集运算

"编辑多边形"修改器，选择其中的"附加"命令（图3-12），再依次单击场景中的另外3个八面体（图3-13），并再次单击"附加"按钮，这时，4个八面体对象就成为一个整体了。最后选择长方体对4个八面体进行一次布尔运算（图3-14）。

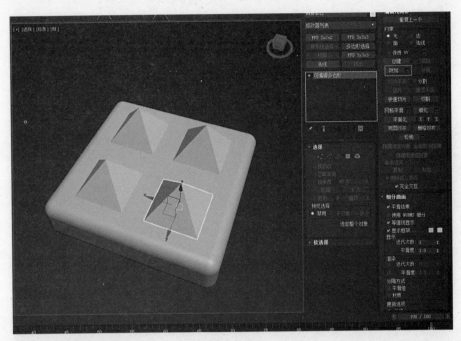

图3-12 编辑附加命令

图3-13 单击八面体

图3-14 布尔运算

第二节 放样

一、基本放样

放样模型的原理较为简单，但要熟练掌握也并不容易，应着重体会放样模型的操作方法。

（1）打开场景模型，在顶视口创建一个圆，半径为500。将其高度设置为900（图3-15）。

（2）创建一个星形，半径1550.0mm，半径2460.0mm，点20，圆角半径120.0mm，圆角半径250.0mm。将其高度设置为0。并用对齐工具，将其对齐于圆（图3-16）。

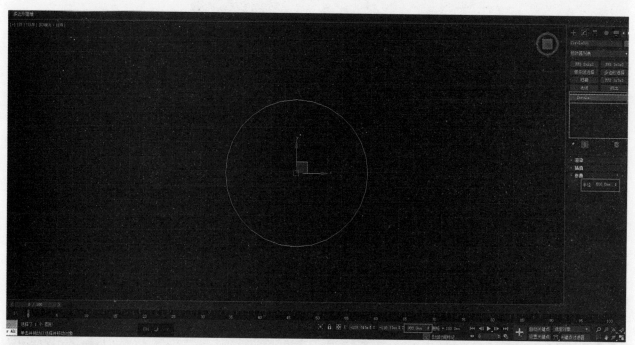

图3-15 创建圆形

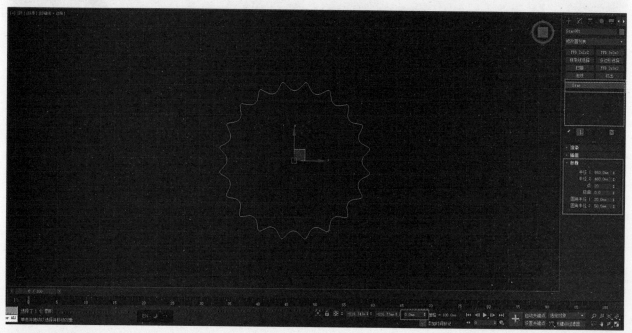

图3-16 创建星形

（3）在前视图创建一条直线，作为放样路径。（图3-17）。

（4）选中直线，进入创建命令面板，选择"几何体"创建类型的"复合对象"，再进一步选择"放样"命令（图3-18）。

（5）在修改面板中单击"获取图形"（图3-19），再单击前视口中的圆形。路径参数中，路径设置为0.0。

（6）再次在修改面板中单击"获取图形"，再单击前视口中的星形。路径参数中，路径设置为100.0（图3-20）。

（7）现在前视口中出现了一个全新的三维模型，这就是经过放样得到的模型（图3-21）。

放样操作关键在于识别截面图形与路径图形，截面图形能控制生成模型的截面形状，路径图形能控制其走势。

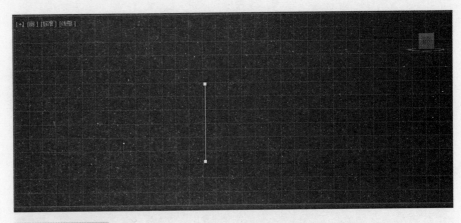

图3-17　创建直线

图3-18　复合放样

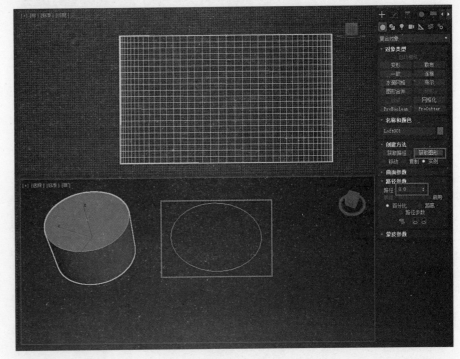

图3-19　获取图形

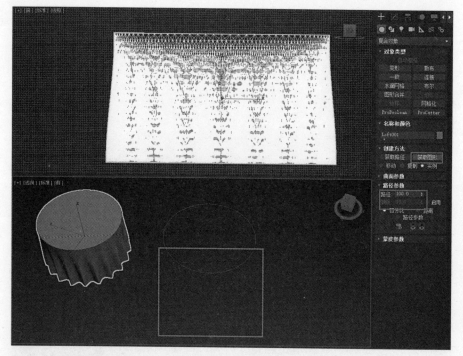

图3-20　获取图形

图3-21　放样后模型

二、放样参数

进行放样操作之后，进入修改命令面板，在该面板中可以通过设置参数，对放样对象进行进一步修改。在"创建方法"卷展栏中，可以选择"获取图形"或"获取路径"。如果先选择的是图形，则现在就要选择"获取路径"；如果先选择的是路径，则现在就要选择"获取图形"。要特别注意，模型的延伸方向为路径，模型的截面形状为图形。

1."曲面参数"卷展栏

"曲面参数"卷展栏主要控制放样对象表面的属性。"平滑"选项组中的"平滑长度"与"平滑宽度"能控制模型网格在经度与纬度这两个方向上的平滑效果，初次放样后的模型都比较平滑。取消勾选"平滑"选项组中的这两个复选框，就变成体块效果了（图3-22）。

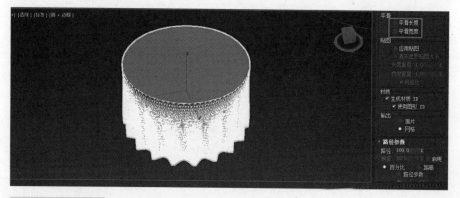

图3-22　取消平滑

2. "蒙皮参数" 卷展栏

选项组中的 "图形步数" 与 "路径步数" 是用于控制放样路径与放样图形的分段数。如果将 "图形步数" 与 "路径步数" 都设置为0，就变成多边形几何体（图3-23）；将以上两个参数设置为20，就变得特别圆滑（图3-24）。

3. "变形" 卷展栏

包括缩放、扭曲、倾斜、倒角、拟合5种变形方式（图3-25）。其后会通过案例介绍具体操作方法。

三、放样修改

结合前面的内容对已建好的放样图形进行精致修改，步骤如下：

（1）在视口中运用放样的方法创建的圆柱体，在前视图创建 "直线" 为路径，在顶视口创建 "圆形" 为图形（图3-26）。

（2）进入修改命令面板，打开 "Loft" 卷展栏，单击 "路径"，这时就会在下面出现 "Line" 卷展栏，

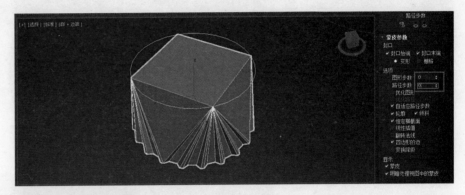

图3-23　多边形几何体

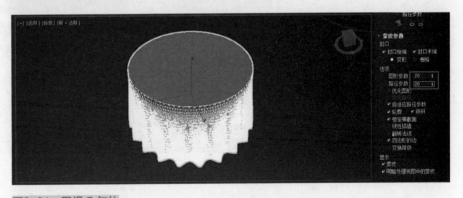

图3-24　圆滑几何体

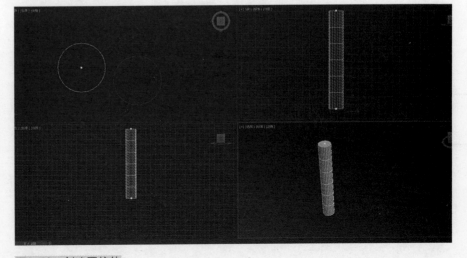

图3-25　变形选项　　　图3-26　创建圆柱体

图3-27　修改命令

可以对该放样模型的路径进行重新修改（图3-27）。

（3）进入"Line"卷展栏的"顶点"层级，选择顶点，可以对其进行弯曲编辑（图3-28）。

（4）再运用上节内容对其设置参数，直至达到需要的设计效果（图3-29）。

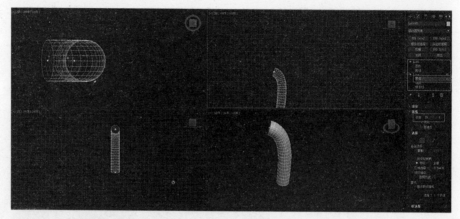

图3-28　设置顶点步数

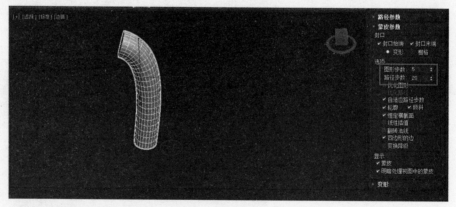

图3-29　选项步数

四、放样变形

1. 缩放变形

（1）打开前面制作的餐桌模型（图3-30）。

（2）进入修改命令面板，展开"变形"卷展栏，单击"缩放"变形器按钮，就会弹出"缩放变形"修改框（图3-31）。

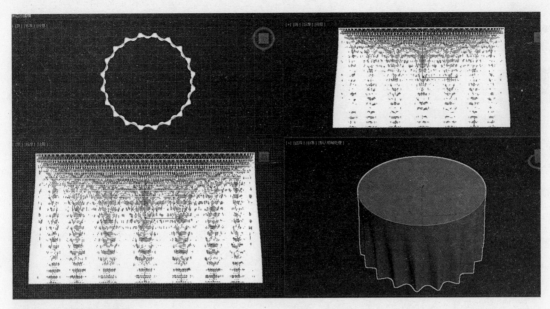

图3-30 打开餐桌模型

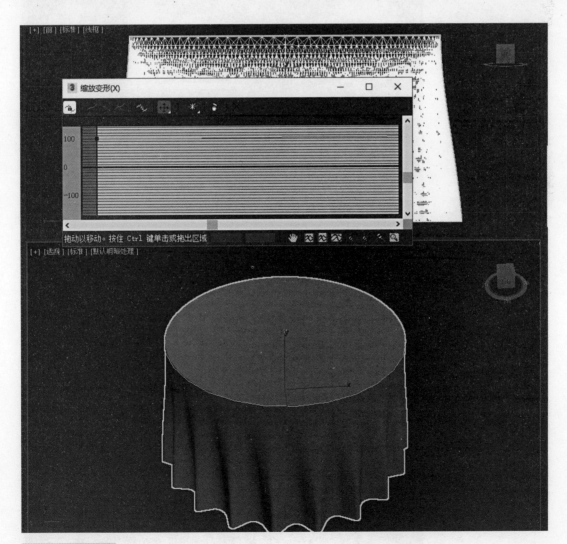

图3-31 修改命令

（3）上下移动其中的修改点，观察视口中图形的变化（图3-32）。

（4）在该条控制线上插入角点，再对其进行控制变形（图3-33）。

（5）将控制点变为"Bezier-角点"完成进一步调节（图3-34）。

2. 扭曲变形

将"缩放"变形后面的"灯泡"取消点亮，再单击"扭曲"变形器，就会弹出"扭曲变形"修改框，调节控制点，透视口中的模型就会发生相应的扭曲变化（图3-35）。

3. 倾斜变形

将"扭曲"变形后面的"灯泡"取消点亮，再单击"倾斜"变形器，就会弹出"倾斜变形"修改框，调节控制点，透视口中的模型就会发生相应的倾斜变化（图3-36）。

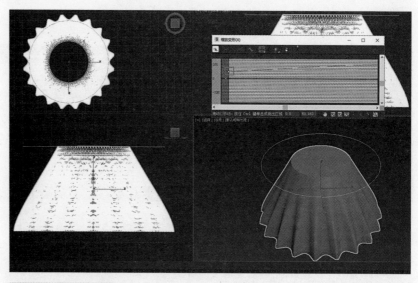

图3-32 移动修改点

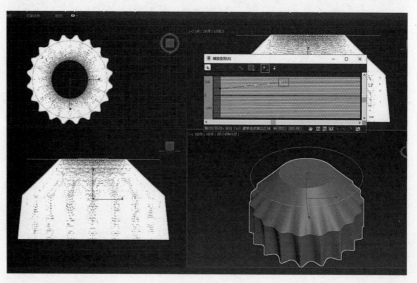

图3-33 控制变形

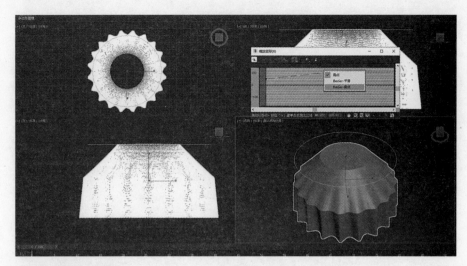

图3-34　调节控制点

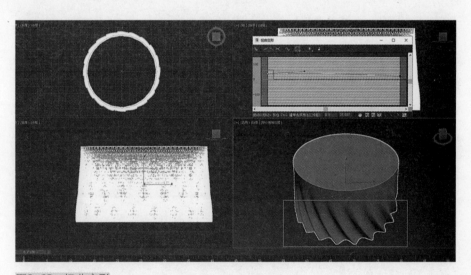

图3-35　扭曲变形

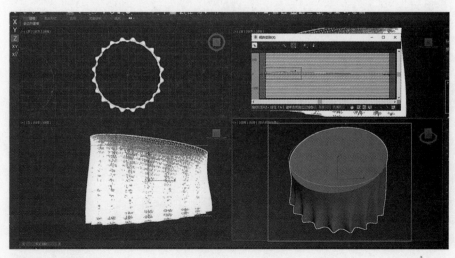

图3-36　倾斜变形

第三节　实例制作——装饰立柱

本节将利用上述放样的相关知识，制作装饰立柱的模型，具体操作步骤如下：

（1）使用放样的方法在场景中创建一个圆柱体（图3-37）。

（2）进入修改命令面板，展开"变形"卷展栏，选择"缩放"变形器（图3-38）。

（3）在"缩放变形器"对话框中插入两个节点（图3-39）。

（4）将左边的3个点都转为"Bezier-角点"并使用"移动"工具移动好位置（图3-40）。

（5）在右边也插入两个节点，并将其调节为跟左边对称的位置（图3-41）。这个装饰立柱也可以先创建二维图形，再使用"车削"修改器生成。具体使用哪种方式可以根据个人对这两部分内容的理解程度，其他模型也是如此。

（6）完成之后立柱的效果（图3-42），将其赋予材质渲染后的效果比较华丽（图3-43）。

> **— 补充要点 —**
>
> **很多模型的创建方法不止一种**
>
> 在操作之前应仔细分析，往往操作复杂的模型，制作起来反而较轻松，因为操作者是多动手少动脑，当然也不建议花大量时间去做一件效果图中的模型，可以适时调用本书配套资料中的模型，将会使烦琐的操作变简单。

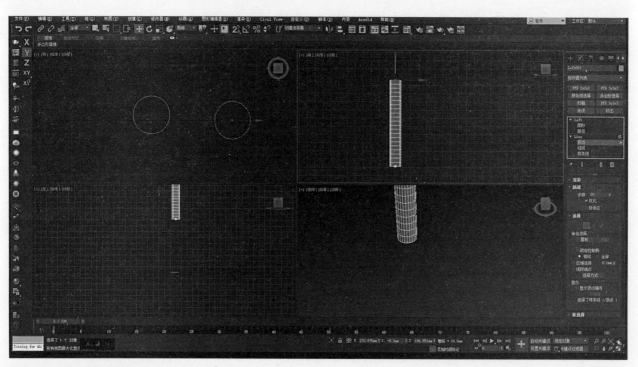

图3-37　放样创建圆柱体

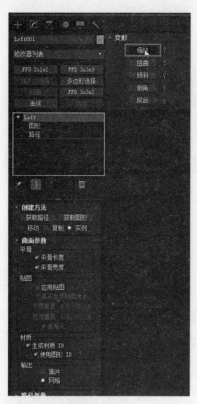

图3-38 修改命令缩放

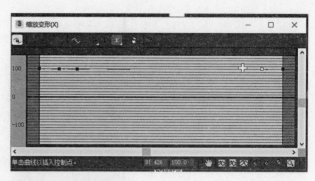

图3-39 插入两个节点

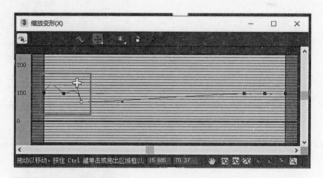

图3-40 调节控制点

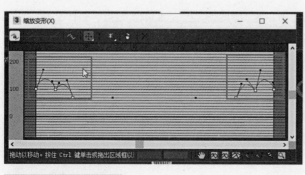

图3-41 插入对称节点

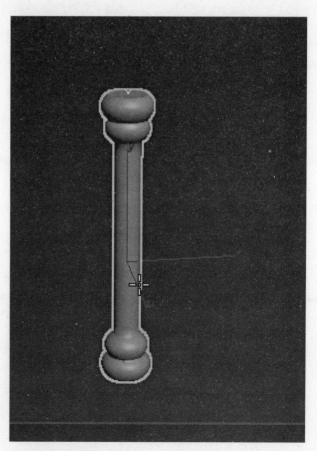

图3-42 立柱效果

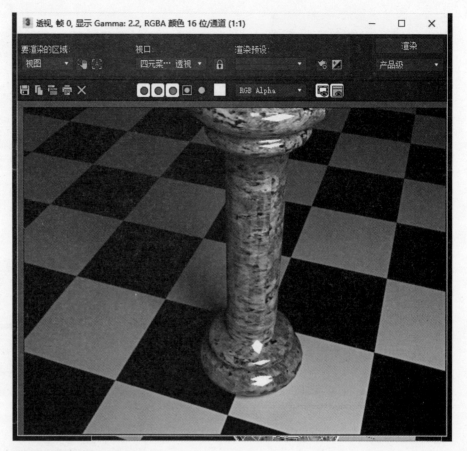

图3-43　立柱渲染后效果

本章小结

　　本章讲述了怎样运用3ds Max 2020中提供的布尔运算和放样工具创建曲线体模型的基本方法，重点是要掌握各种布尔运算类型和放样的差别，这样读者就可以自如地组合操作并保存模型了。

课后练习

1. 布尔运算类型有哪些？注意事项是什么？
2. 放样模型中的操作重点是什么？
3. 运用布尔运算和放样时，它们的优缺点各是什么？
4. 运用布尔运算制作两个模型。
5. 结合放样相关知识制作装饰窗帘。

第四章
场景模型编辑

PPT 课件　　　案例素材　　　操作教学视频

学习难度：★ ★ ★ ☆ ☆
重点概念：合并、压缩、复制

◀ 章节导读

在3ds Max 2020场景中，几乎所有模型都需要经过进一步编辑才能达到预期效果，如场景模型的打开、保存、移动、复制等操作，经过这些编辑后，才能使模型达到设计要求，同时也能提高场景模型的使用效率，本章就针对这些编辑操作进行讲解。

第一节　模型打开与合并

一、打开模型

（1）重置场景，打开主菜单栏选择"打开"（图4-1）。

（2）选择本书配套资料中"模型\第4章\灯.max"，并将其打开（图4-2）。

（3）打开后就可将保存的模型在场景中打开了（图4-3）。

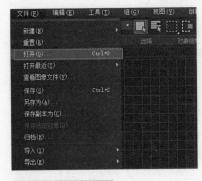

图4-1　菜单栏打开

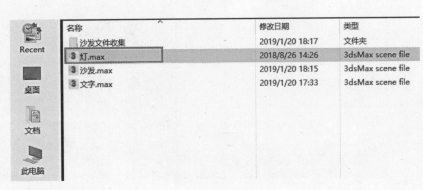

图4-2　导入文件

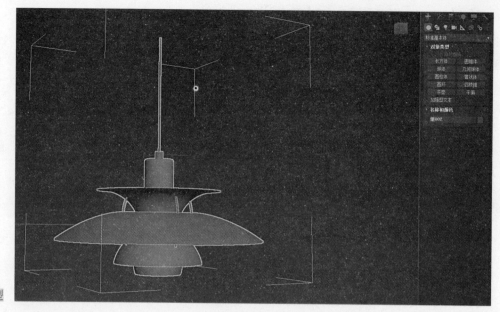

图4-3 打开模型

二、合并模型

（1）打开主菜单栏选择"导入→合并"（图4-4）。

（2）在弹出的"合并文件"对话框中选择"模型\第4章\文字.max"，单击"打开"按钮（图4-5）。

（3）在弹出的新的对话框中单击"Text001"，取消勾选"灯光"与"摄像机"，单击"确定"按钮（图4-6）。

（4）完毕后文字模型就与蛇模型合并到一个场景中了（图4-7）。

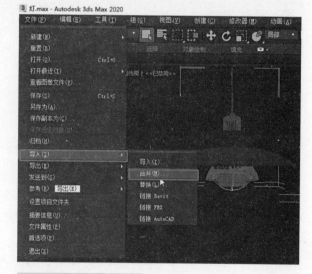

图4-4 菜单栏导入合并

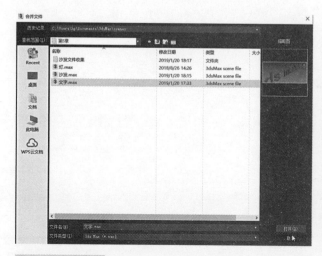

图4-5 文字文件

图4-6 取消灯光与摄像机

图4-7 合并场景效果

第二节　模型保存与压缩

一、保存模型

（1）打开本书配套资料中的"模型\第4章\小沙发.max"场景模型（图4-8）。

（2）打开主菜单栏选择"保存"，由于这是打开的已经保存的场景，系统将会默认覆盖该打开的场景（图4-9）。

（3）如果要将场景另外命名保存，应打开主菜单栏选择"另存为→另存为"（图4-10）。

（4）在弹出的对话框中将文件名命名为"小沙发2"单击"保存"按钮，这样就可将场景保存为"小沙发2.max"（图4-11）。

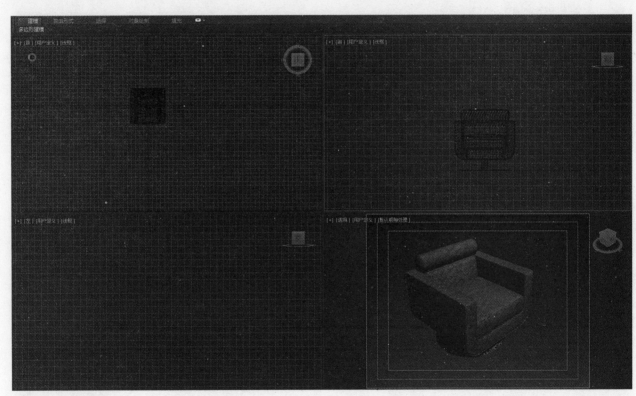

图4-8　打开文件

图4-9　菜单栏保存

图4-10　另存命名

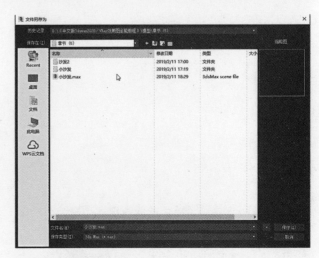

图4-11　新存文件

- 补充要点 -

3ds Max文件格式

　　3ds Max 2020中默认保存文件格式为".max"，这是3ds Max 2020的专用格式，使用其他软件无法打开。".max"格式的文件存储容量较小，不占用过多硬盘空间。如果希望将模型导出至其他软件中打开并编辑，可以单击"导出"命令，其中有".3ds"".dwg"等诸多格式可供选择。只是导出后不能保留灯光、贴图等重要组成元素。

图4-12　菜单栏归档

二、压缩模型

　　压缩模型就是将场景模型进行"归档"，归档可以将场景中的模型与贴图一起保存，经过压缩后的归档文件可以在别的计算机里打开，且包含贴图与原始的贴图路径。这种方法特别适合更换计算机后继续操作，或设计团队联网操作。经过压缩后的模型文件属性并没有改变，需要全部解压后才能打开。

　　（1）打开主菜单栏选择"归档"（图4-12）。

　　（2）选择文件位置为"模型\第4章\"，命名为小沙发，单击"保存"按钮（图4-13）。

　　（3）打开文件夹"模型\第4章"，将"小沙发.zip"解压，打开文件夹，里面包含整个场景所需的所有文件（图4-14）。

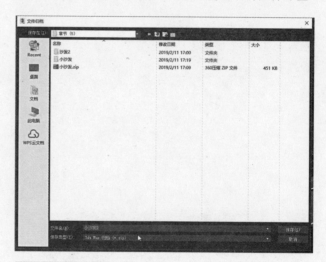

图4-13　文件位置

MAXFILES.TXT	2019/2/11 17:09	文本文档	1 KB
小沙发.max	2019/2/11 17:09	3dsMax scene file	1,076 KB

图4-14　解压文件

第三节　模型编辑

一、移动工具

　　"移动"工具可将场景中的当前选择物体在X轴、Y轴、Z轴上进行移动。

　　（1）选择场景中的物体，单击激活"移动"工具，将鼠标指针放在某个轴向上拖动就可移动该模型物体（图4-15）。

　　（2）如果要将模型在某坐标轴上进行精确移动，就在"移动"工具上单击鼠标右键，弹出"移动变换输入"对话框，在对应的坐标上输入偏移数值即可。

其中"绝对：世界"是指模型相对空间坐标原点而言的位置，而"偏移：世界"是指模型相对自身而言的位置（图4-16）。

（3）要移动物体的坐标，还可以直接在界面下方的坐标显示栏中输入需要的坐标数值，其功能与上述"移动变换输入"对话框一致（图4-17）。

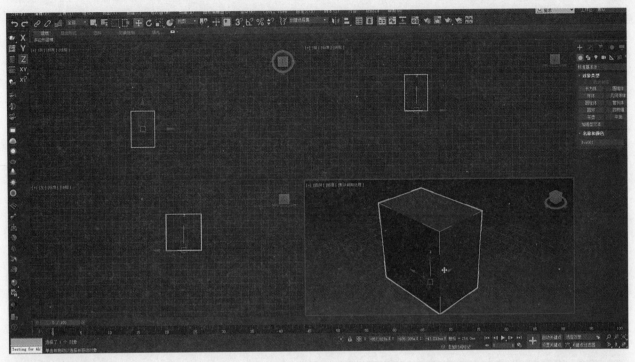

图4-15　移动模型

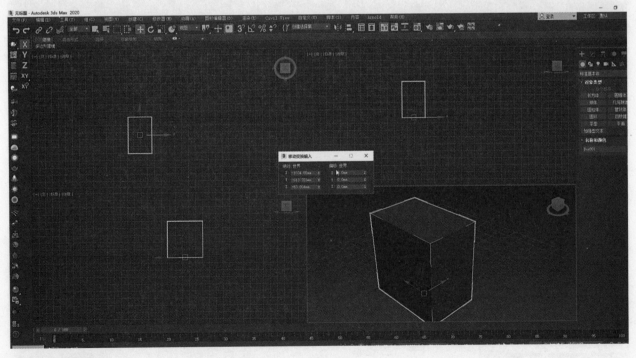

图4-16　精确移动

图4-17　移动坐标

二、旋转工具

"旋转"工具是可将场景中当前选择的物体绕X轴、Y轴、Z轴进行旋转的工具。

（1）选择场景中的物体，单击激活"旋转"工具，将鼠标指针放在某一轴向上拖动就可旋转该模型物体（图4-18）。

（2）如果要将模型绕某坐标轴进行精确的旋转，就在"旋转"工具上单击鼠标右键，弹出对话框，在对应的坐标上输入偏移度数（图4-19）。

（3）要旋转物体，还可以直接在界面下方中间的坐标显示栏中输入想要的旋转坐标数值来旋转物体（图4-20）。

三、缩放工具

"缩放"工具是可将场景中当前选择的物体在X轴、Y轴、Z轴上缩放的工具。

（1）选择场景中的物体，单击激活"缩放"工具，将鼠标指针放在某一轴向上拖动就可在该轴上缩放该模型物体（图4-21）。

（2）若想在某一平面上缩放物体，就将鼠标指针放在激活该平面的位置拖动（图4-22）。

（3）若想整体缩放物体，就将鼠标指针放在3个坐标轴的中间同时激活3个坐标轴，再拖动即可（图4-23）。

（4）如果要将模型在某坐标轴上进行精确的缩放，就在"缩放"工具上单击鼠标右键，弹出对话框，在对应的坐标上输入对应数值（图4-24）。

（5）要缩放物体，还可以直接在界面下方中间的坐标显示栏中输入想要的缩放坐标数值缩放物体（图4-25）。

（6）使用鼠标左键按下"缩放"工具不放就会出现"缩放"工具的复选框，其中有3种不同的"缩放"工具，分别为"选择并均匀缩放""选择并非均匀缩放""选择并挤压"（图4-26）。

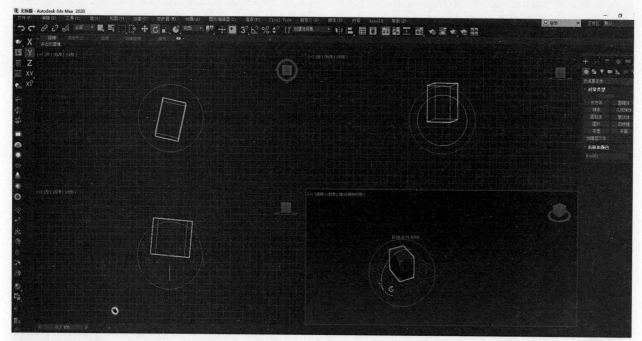

图4-18　旋转模型

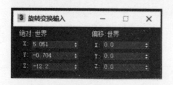

图4-19　精确旋转

图4-20　旋转坐标

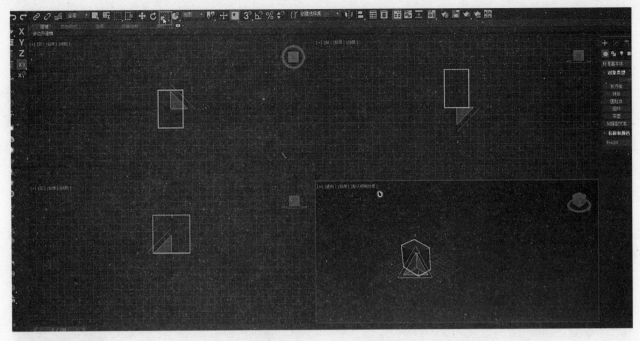

图4-21　缩放模型

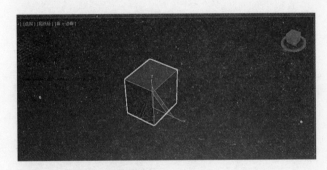

图4-22　平面上缩放物体

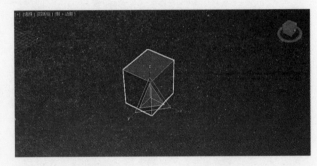

图4-23　整体缩放

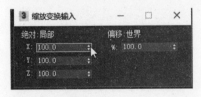

图4-24　精确缩放

图4-25　坐标缩放

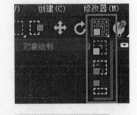

图4-26　缩放工具

四、复制

　　要将场景中的当前选中的模型物体进行复制，可以使用各种工具进行各种复制，只需在使用工具的时候，按住〈Shift〉键就可将物体进行复制。

1. 移动复制

　　（1）选择"移动"工具，将场景中的物体选中，按住〈Shift〉键在"X"轴上移动，放开鼠标就会弹出"克隆选项"对话框（图4-27）。

　　（2）在"克隆选项"对话框中可以设置复制的"对象"类型。"复制"对象是复制物体与原物体之间无关联；"实例"对象是复制物体与原物体产生关联，一旦复制物体或原物体中的一个改变时，另外的物体都会改变；"参考"对象是复制的物体作为原物体

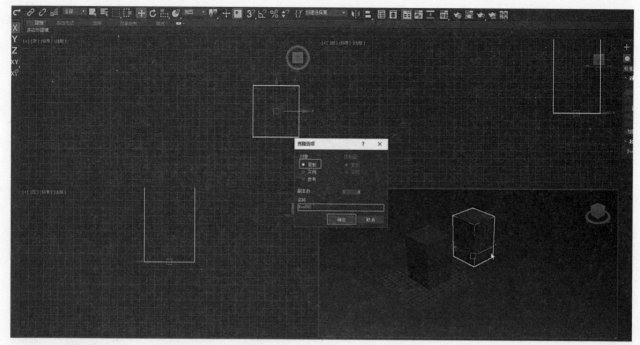

图4-27　移动克隆

图4-28　克隆选项

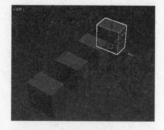

图4-29　复制后效果

的参考对象，原物体改变时参考对象也会发生变化。对话框中还可设置"副本数"与"名称"（图4-28）。图4-29是设置完成后复制的效果。

2. 旋转复制

选择"旋转"工具，将场景中的物体选中，按住〈Shift〉键在任意轴上移动一定角度，放开鼠标就会弹出"克隆选项"对话框（图4-30）。

设置完成后即可看到复制的效果（图4-31）。

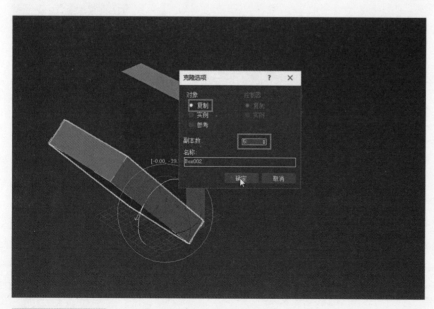

图4-30　旋转克隆

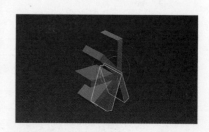

图4-31　复制后效果

3. 缩放复制

（1）选择"缩放"工具，将场景中的物体选中，按住〈Shift〉键在任意轴上移动一定角度，放开鼠标就会弹出"克隆选项"对话框（图4-32）。

（2）设置完成后，将复制的物体移动出来的效果（图4-33）。

4. 镜像复制

（1）选中场景中的物体，选择"镜像"工具，就会弹出"镜像"对话框（图4-34）。

（2）在对话框中"镜像轴"中可以选择不同的镜像方向，在下面的"克隆当前选择"中则可以选择不同的克隆方式或选择"不克隆"（图4-35）。

（3）选择"复制"的克隆方式，将看到克隆后的茶壶移动位置后的效果（图4-36）。

五、阵列

"阵列"是将物体按照一定方向、角度、等距进行复制的工具，能将复制的模型进行整齐且有次序的排列。

（1）设置单位，在视口中随意创建一个长方体，进入创建面板，选择工具菜单栏中的"阵列"选项（图4-37）。

（2）弹出"阵列"对话框，其中"移动增量"能增减每个复制物体之间的距离，"总计"是所有复制模型的总距离。将"移动增量X"设置为200.0mm，"数量1D"设置为10，单击"预览"即能看到长方

图4-32　缩放复制

图4-33　复制后效果

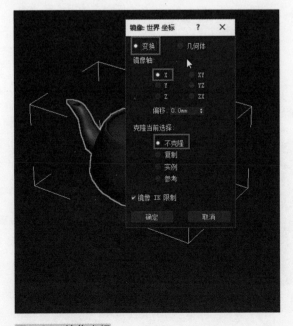

图4-34　镜像坐标

图4-35　镜像克隆

图4-36　镜像后效果

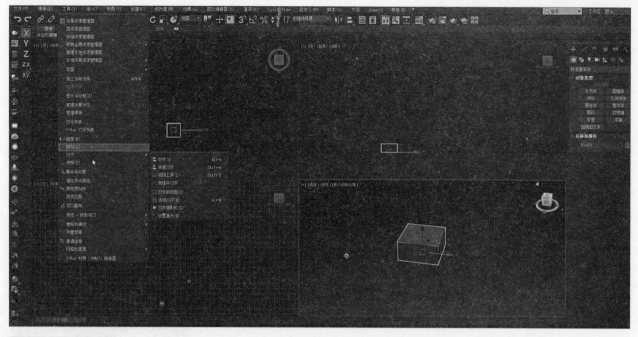

图4-37　工具栏阵列

体的复制效果（图4-38）。

（3）"旋转增量"能控制每个复制物体之间的角度，"总计"是所有复制模型的总角度。这是将"旋转增量Z"设置为45.0，"数量1D"设置为10的阵列效果（图4-39）。

（4）"缩放增量"控制每个复制物体之间在某个轴线上的比例，"总计"是所有复制模型的总量。这是将"移动增量X"设置为30.0mm，"缩放增量Y"设置为70.0，"数量1D"设置为10的阵列效果，整体形态富有变化（图4-40）。

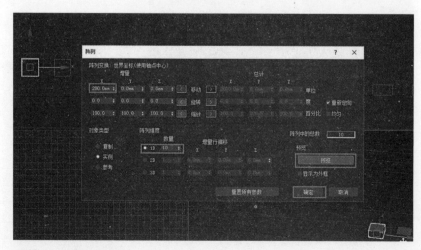

图4-38　对话框设置

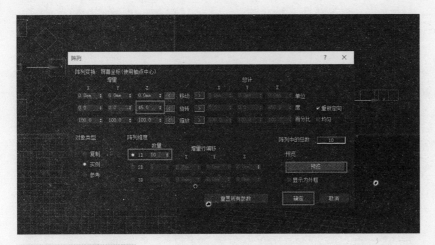

图4-39　阵列变换设置

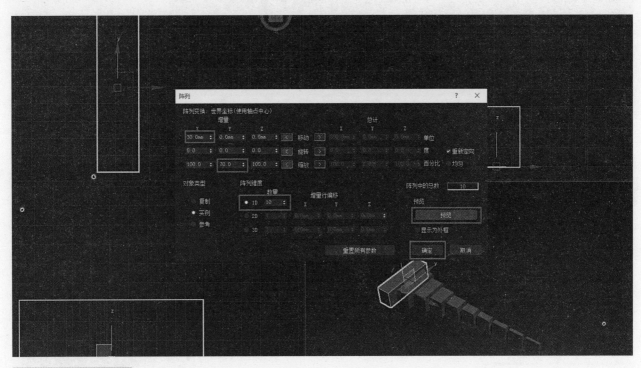

图4-40　阵列变换设置

六、对齐

"对齐"可以将场景中的多个物体在某个轴向或多个轴向上对齐的
工具，操作时，既可选择工具栏中的"对齐"按钮，也可在"工具"菜
单栏中选择"对齐"命令。

（1）在视口中随意创建一个长方体和一个茶壶模型，结束创建后
选择茶壶模型，单击对齐工具，这时鼠标指针变为对齐选择另一对象的
图标，单击长方体模型（图4-41）。

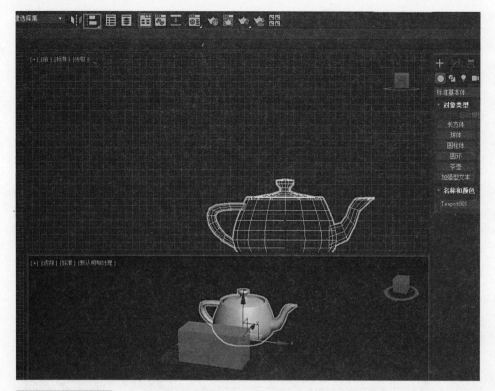

图4-41　创建模型

（2）在弹出的对其当前选择对话框中可以设置"对齐位置""对齐方向""匹配比例"，勾选"对齐位置"中的"X位置""Y位置""Z位置"，并将"当前对象"与"目标对象"都选择"中心"（图4-42），这时两个模型都以中心对齐的形式重叠到了一起（图4-43）。

（3）在工具菜单栏中还有几种不同的对齐工具，第1个"对齐"就是"对齐"工具，第2个"快速对齐"工具则是使用默认的方式进行对齐，第3个"间隔"工具可将选中物体进行复制与对齐（图4-44）。

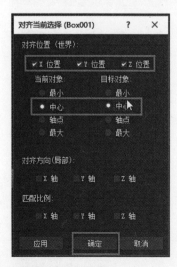

图4-42　对齐设置

图4-43　中心对齐

图4-44　对齐工具

图4-45　间隔设置

（4）现在选择"间隔工具"，在打开的对话框中设置相关选项，即能得到间隔排列的3个茶壶（图4-45）。注意理清模型的"X位置""Y位置""Z位置"关系，一切以视口中的坐标轴为参照，正确识别后再勾选。

（5）选择子菜单中第4个"克隆并对齐"工具，可将选中物体克隆一个，并与拾取物体对齐（图4-46、图4-47）。

图4-46　克隆对齐

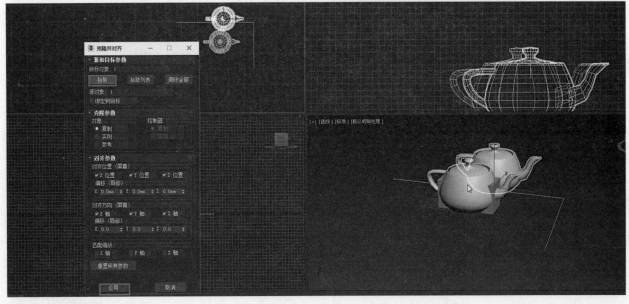

图4-47　拾取对齐

第四节　实例制作——餐桌椅

（1）打开本书配套资料中的"模型\第4章\餐桌椅\桌子.max"（图4-48）。

（2）打开主菜单栏选择"导入→合并"，将"模型\第4章\餐桌椅\椅子.max"合并进场景中（图4-49）。

（3）在弹出的"合并"对话框中，单击"全部"，取消勾选"灯光"与"摄像机"，单击"确定"按钮（图4-50）。

（4）在新弹出的"重复材质名称"对话框中勾选"应用于所有重复情况"，单击"自动重命名合并材质"（图4-51）。

（5）单击"镜像"工具，在"镜像：世界坐标"对话框中选择"镜像轴"为"X"，选择"克隆"，单击"确定"按钮（图4-52）。

图4-48　打开文件

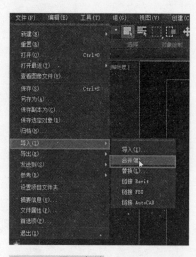

图4-49　导入合并

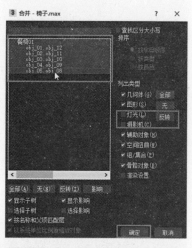

图4-50　取消灯光与摄像机

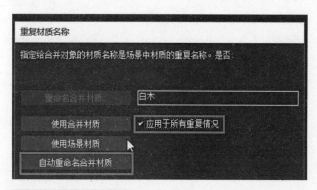

图4-51　重复材质名称

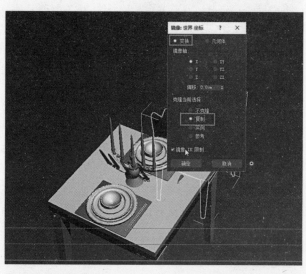

图4-52　镜像克隆

（6）选中椅子，使用"移动"工具将镜像后的椅子向桌子的另一边移动（图4-53）。

（7）进一步调整椅子的位置，这样就完成了一套餐桌椅的布置（图4-54）。

图4-53 移动椅子

图4-54 渲染后效果

本章小结

本章讲述了怎样运用3ds Max 2020中的编辑命令和工具来设计模型，如场景模型的打开、保存、移动、复制、排列等操作。通过本章学习，读者可以对基本模型进行排列组合，布置场景，轻松完成组合任务。

课后练习

1. 3ds Max 2020文件的特定格式是什么？

2. 怎样完成"精确移动和缩放"的操作？复制类型有哪几种？

3. 使用任意变换和使用自由缩放工具进行变换有什么区别？

4. 怎样将几个模型对象以坐标轴中心为基准进行排列居中对齐？

5. 自选素材并完成布置一套场景效果图。

第五章
修改器与材质编辑

PPT 课件

案例素材

操作教学视频

学习难度：★ ★ ★ ★ ☆
重点概念：修改器、材质、贴图

◄ **章节导读**

　　3ds Max 2020中的对象空间修改器种类很多，是常用的修改模型工具，主要有编辑网格、网格平滑、壳、阵列、FFD等修改器，还有常用的基本材质与贴图的控制，这些内容对整理装修效果图模型非常重要，需要深入学习，灵活运用，才能满足后期实践需要。

第一节　常用修改器

一、"编辑网格"修改器

　　"编辑网格"修改器能对物体的点、线、面进行编辑，使其达到更精致的效果。

　　（1）在场景中创建一个长方体，给其添加"编辑网格"修改器（图5-1）。

　　（2）展开"编辑网格"卷展栏，就会出现5个层级，选择"顶点"层级，可以对顶点进行移动与变形（图5-2）。

　　（3）选择"边"层级，就可以对边进行编辑，下面的修改面板中还有很多可以编辑的方式，如"切角"命令（图5-3）等。

　　（4）选择"面"层级，可以选择任何面的1/2

三角面进行编辑（图5-4）。

　　（5）选择"多边形"层级，则是选择每个面进行独立编辑（图5-5）。

　　（6）选择"元素"层级，则是对每个单独的元素整体进行编辑，该场景元素仅为1个（图5-6）。

二、"网格平滑"修改器

　　"网格平滑"修改器是对网格物体表面棱角进行平滑的修改器。

　　（1）以上节的模型为例，选择物体，退回"编辑

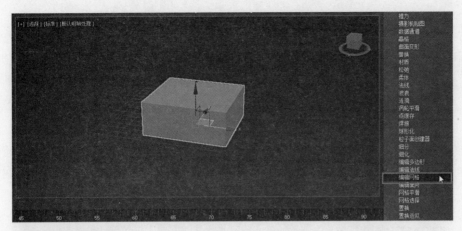

图5-1 编辑网格命令

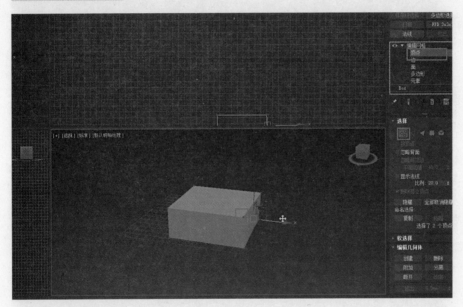

图5-2 编辑顶点命令

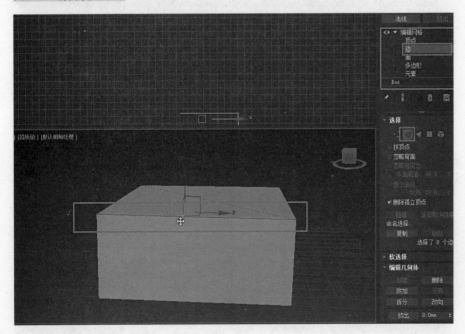

图5-3 编辑边命令

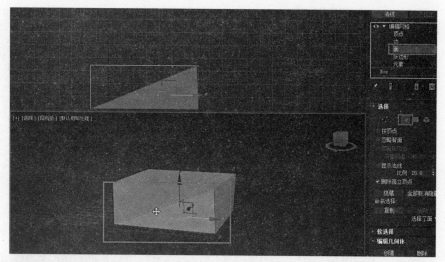

图5-4 编辑面命令

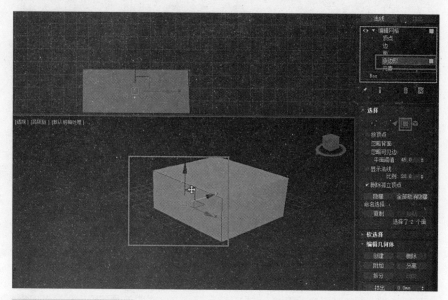

图5-5 编辑多边形命令

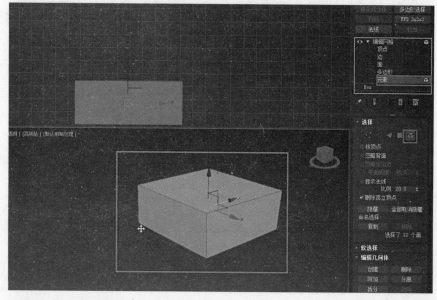

图5-6 编辑元素命令

网格"层级，为其添加"网格平滑"修改器（图5-7）。

（2）将"细分量"卷展栏中的"迭代次数"设置为3，该模型就会变成相对平滑的橄榄球状（图5-8）。这时应注意，"迭代次数"不能设置过高，一般最多设置为3，设置过高，计算机可能会停滞。

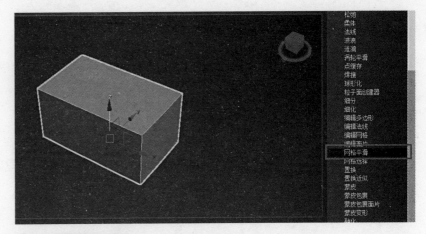

图5-7 编辑平滑命令

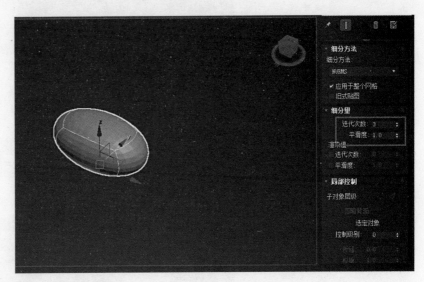

图5-8 设置平滑量

- 补充要点 -

简化模型网格

将模型进行网格化有助于进一步细化模型的外观形态，但模型的网格越多，计算机的反应速度就越慢，导致最终"崩溃"，因此，要合理控制模型的网格数量。

常见的直线形模型各面网格数量一般为1个，这类模型无须作曲线变化，因此不能设置过多网格，尽量减少计算机的运算负荷。要求具有弧形变化的模型，各面网格数量为16～32个，这已经能创建出比较生动的曲线模型了。如果在效果图制作过程中，需将某些建筑结构变为弧形，并且占据很大图样面积，那么也应该适当选择，将能被渲染角度看到的模型适当细化，将不能看到的进行简化，甚至删除网格。对于效果图中的陈设品、配饰模型体量较小，应尽量简化模型，或待后期直接采用Photoshop添加陈设品、配饰图片来取代模型。总之，应尽最大可能简化模型网格，保证计算机运行顺畅。

三、"FFD"修改器

"FFD"修改器能通过控制点对物体进行平滑且细致的变形。

（1）新建场景，在透视图中创建一个长方体，并将长方体的"长度分段""宽度分段""高度分段"都设置为20（图5-9），为这个长方体添加"FFD（长方体）"修改器（图5-10）。

（2）打开"FFD（长方体）"卷展栏，选择其中的"控制点"层级（图5-11）。

（3）移动视图中的控制点，物体会产生平滑的变形效果（图5-12）。

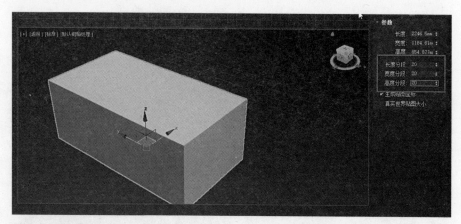

图5-9 设置参数

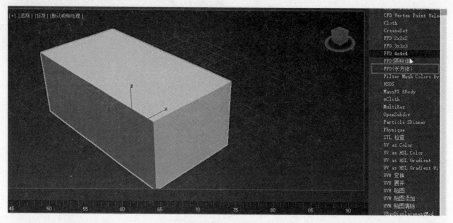

图5-10 添加修改器

图5-11 选择控制命令

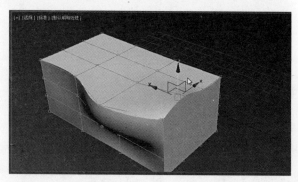

图5-12 平滑效果

四、"壳"修改器

"壳"修改器是给壳状模型添加厚度的修改器，使单薄的壳体能迅速增厚，成为有体积的模型，这种修改方法在制作室内玻璃时用得比较多。

（1）在场景中创建一个球体，右键将其转换为可编辑网格（图5-13）。

（2）选择"多边形"层级，并在前视口中选中上半部球面（图5-14）。

（3）按键盘上的〈Delete〉键，删除上部表面（图5-15）。

（4）回到"编辑网格"层级，为其添加"壳"修改器（图5-16）。

（5）通过调节"内部量"与"外部量"参数就能变化其内外的延伸厚度，从而彻底改变模型的形态（图5-17）。

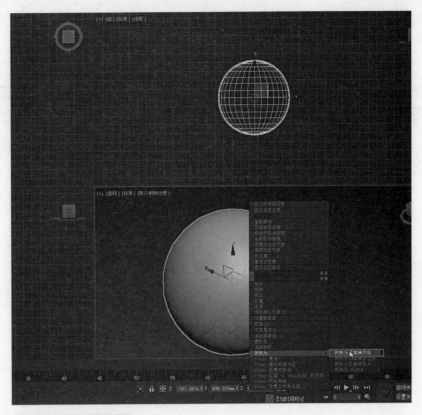

图5-13　转换编辑网格

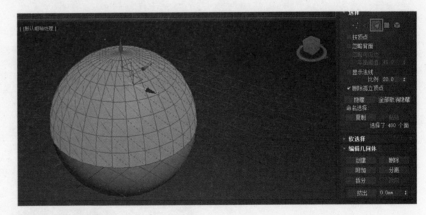

图5-14　选择命令

图5-15　删除上部

图5-16 添加修改器

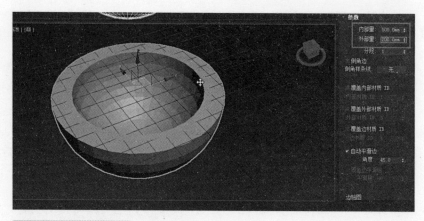

图5-17 延伸厚度形态

五、"挤出"修改器

"挤出"修改器是给物体添加维度的一个修改器,它可将一维物体转成二维物体,二维物体转为三维物体,即是将线转为面,面转为体。

(1)新建场景,在前视口中创建一个线的模型,并为其添加"挤出"修改器(图5-18)。

(2)在修改面板中,将"数量"设置一定的数值,刚才的线就会变为面(图5-19)。

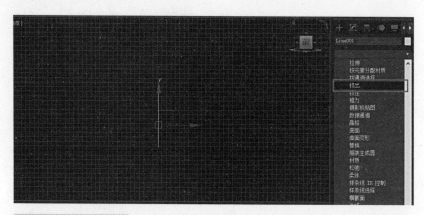

图5-18 挤出修改命令

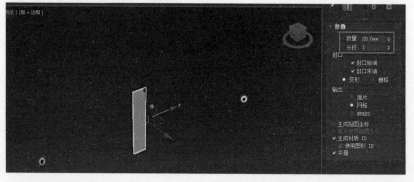

图5-19 设置数量

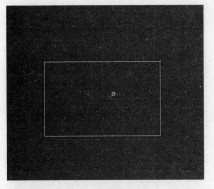

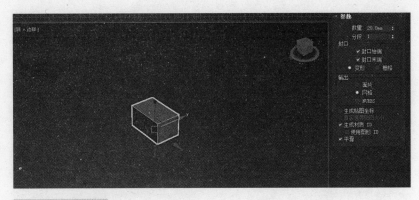

图5-20　挤出修改命令　　　　图5-21　设置数量

- 补充要点 -

"挤出"修改器

　　"挤出"修改器使用频率较高，很多操作者在创建模型时都习惯采用"挤出"修改器，而不再采用传统的标准基本体来创建。

　　"挤出"修改器最大的特色在于，将前期绘制的二维线条变换为三维模型后，还可以随时回到二维线条层级，进行反复修改，如修改二维线条的点与线段的位置、形态，尤其是曲线的弧度，这些修改能影响最终的三维模型。在制作效果图的过程中，很多具有创意的模型需要一边创意一边创建，因此，这种修改器非常适合创意设计师。当然，在运用过程中也要注意总结，不能随意切换到上、下级修改器来修改模型，否则可能会造成计算机运算错误，导致前功尽弃。一般而言，经过"挤出"修改器创建的三维模型其后不宜再添加过多修改器，所有修改器控制在3个以内最佳。

　　（3）新建场景，在顶视口中创建一个矩形，并为其添加"挤出"修改器（图5-20）。

　　（4）在修改面板中，将"数量"设置一定的数值，刚才的矩形就会变为长方体（图5-21）。

六、"法线"修改器

　　"法线"修改器可以改变物体每个面的法线，让看不见的单面可以看见。

　　（1）新建场景，在视口中创建一个长方体，然后单击鼠标右键，选择"对象属性"（图5-22）。

　　（2）在对象属性中勾选"背面消隐"，单击"确定"按钮（图5-23）。

　　（3）在修改器列表中为长方体添加"法线"修改器（图5-24）。

　　（4）添加完毕后观察长方体，长方体的法线都反过来了，而且面为反面的面在视口中看不见（图5-25）。

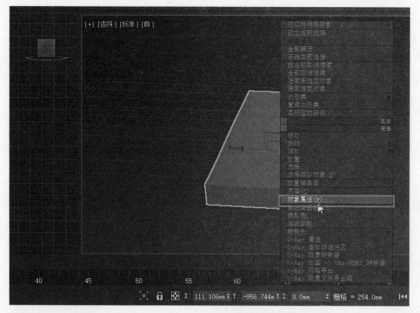

图5-22　属性命令

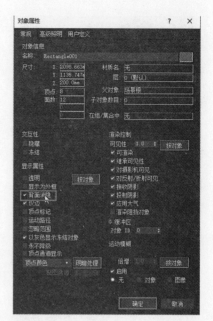

图5-23　属性选择

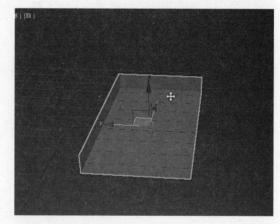

图5-24　修改添加命令　　图5-25　添加后效果

第二节　实例制作

一、陶瓷花瓶

　　本节将结合前面内容的"编辑网格""网格平滑""壳"这3个修改器，制作陶瓷花瓶，具体操作步骤如下：

　　（1）新建场景，创建圆柱体，将"高度分段"设置为10（图5-26）。

（2）进入修改命令面板为其添加"编辑网格"修改器（图5-27）。

（3）打开"编辑网格"卷展栏，进入"多边形"层级，选择圆柱体的顶面，按〈Delete〉键将其删除（图5-28）。

（4）继续在前视口中框选最上排的网格（图5-29）。

（5）使用"缩放"工具对其进行缩放，在透视口中将鼠标指针放在X、Y、Z轴中心，当中间3个三角形全亮时，将其向下方拖动（图5-30）。

（6）回到"编辑网格"层级，为其添加"壳"修改器，并让其向内延伸一定厚度（图5-31）。

（7）再为其添加"网格平滑"修改器，将"细分量"卷展栏中"迭代次数"设置为3（图5-32）。

（8）当陶瓷花瓶制作完成后，再为其添加材质、灯光，合并花草模型，这是渲染后的效果（图5-33）。

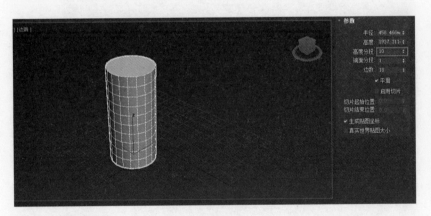

图5-26 参数设置

图5-27 修改命令

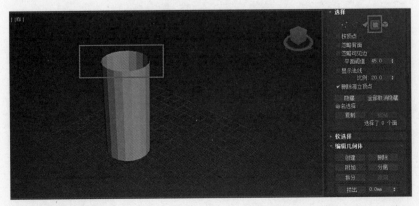

图5-28 删除顶面

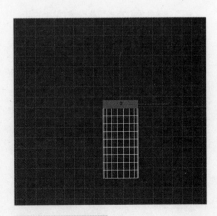

图5-29 视口选择

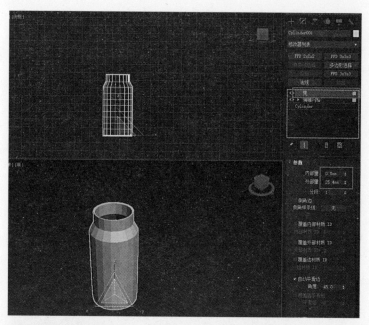

图5-31 编辑修改命令

图5-30 缩放移动

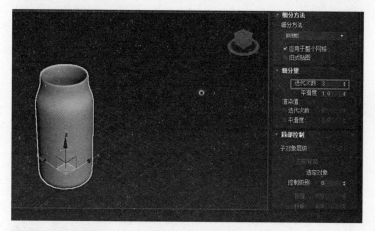

图5-32 设置平滑

- 补充要点 -

控制添加修改器

对同一模型添加修改器,应尽量控制数量,如果需要添加很多修改器,那么要注意先后顺序。一般而言,首先添加模型创建修改器,如"车削"修改器、"挤出"修改器等;其次添加模型变形修改器,如"编辑网格"修改器、"法线"修改器等;最后添加模型优化修改器,如"网格平滑"修改器。此外,部分模型还会用到"UVW贴图"修改器,应待模型已调整到位后再添加。

图5-33 花瓶渲染后效果

二、抱枕

本节将使用"FFD（长方体）"修改器制作抱枕模型，具体操作步骤如下：

（1）新建场景，调整单位，在透视图中创建一个切角长方体，将"长度"设置为400.0mm、"宽度"设置为400.0mm、"高度"设置为200.0mm、"圆角"设置为20.0mm，而长度、宽度、高度、圆角的分段数分别设置为10、10、10、3（图5-34）。

（2）为该模型添加"FFD（长方体）"修改器，

展开"FFD（长方体）"卷展栏，选择"控制点"层级，在顶视口框选中间4个点（图5-35）。

（3）打开"编辑"菜单，选择"反选"命令，选择最外层的控制点（图5-36）。

（4）使用"缩放"工具，在透视口中单击鼠标右键切换为透视口，并选择"Z"轴，单击向下移动，直至物体边缘都重合（图5-37）。

（5）使用"移动"工具，在前视口中将下部控制点进行移动（图5-38）。

（6）在顶视口中将4组点向4个顶点分别移动，

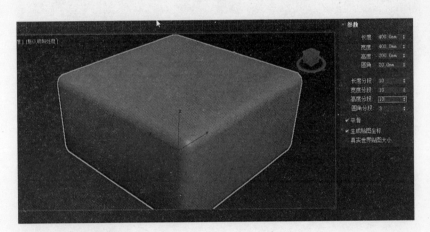

图5-34 调整基本体

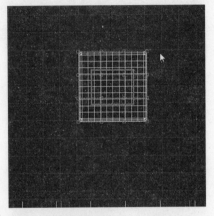

图5-35 添加修改器

图5-36 反选命令

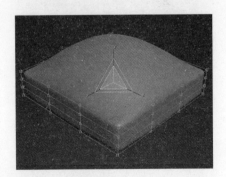

图5-37 缩放移动

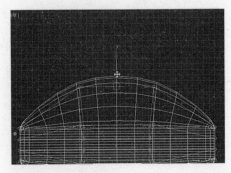

图5-38 移动控制点

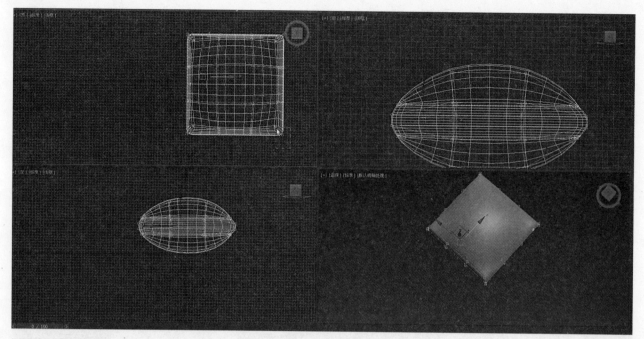

图5-39　调节厚度

并在前视口中进一步调节模型的厚度（图5-39）。

（7）这样抱枕的模型就基本完成，将其附上材质与贴图后，质地显得很真实。这是设置灯光并配上环境后的渲染效果（图5-40）。

- 补充要点 -

"FFD"修改器

　　"FFD"修改器是将规整模型转变为非规整模型的重要修改器，它能随心所欲地修改标准模型的外观，只是应控制好修改幅度，且控制点之间会相互制约。

　　其实"FFD"修改器就是将模型的琐碎网格集中起来集中整形，"FFD"修改器上的控制点可以根据需要来调整数量，默认是每条边4个控制点。

图5-40　抱枕渲染效果

三、靠背椅

本节将使用多边形建模的方法制作靠背椅模型，具体操作步骤如下：

（1）新建场景并设置好单位，创建一个长方体并设置参数，将"长度"设置为700.0mm、"宽度"为600.0mm、"高度"为30.0mm，长度、宽度、高度的分段数分别设置为10、10、1（图5-41）。

（2）为该长方体添加"编辑多边形"修改器（图5-42），选择"多边形"层级，并按住〈Ctrl〉键选择顶面左上角与右上角两个多边形（图5-43）。

（3）打开"编辑多边形"卷展栏，单击"挤出"，可以精确挤出厚度，"挤出"设置为240.0mm，完成后单击下面的"加号"（图5-44）。

（4）输入80.0mm，单击"加号"（图5-45）；输入100.0mm，单击"加号"（图5-46）；输入350.0mm，单击"加号"（图5-47）；输入50.0mm，单击"对勾"（图5-48）。

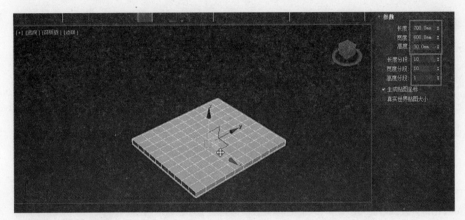

图5-41　调整基本体

图5-42　修改命令

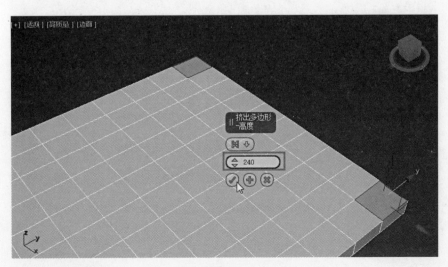

图5-43　选择层级

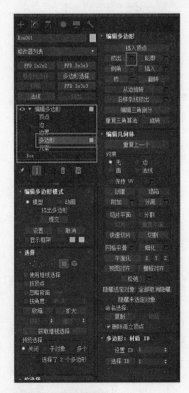

图5-44　编辑设置

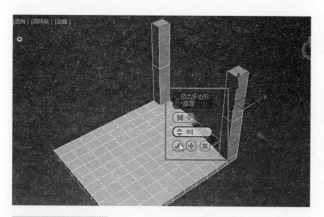

图5-45 挤出设置

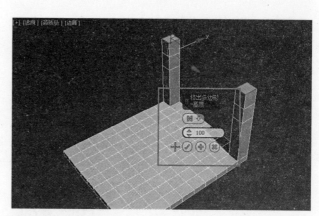

图5-46 挤出设置

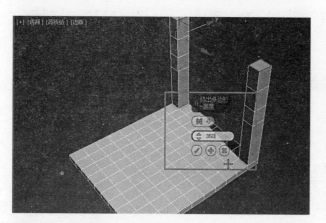

图5-47 挤出设置

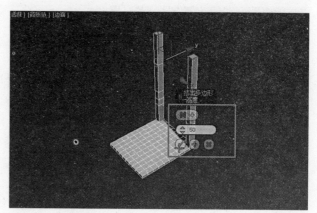

图5-48 挤出设置

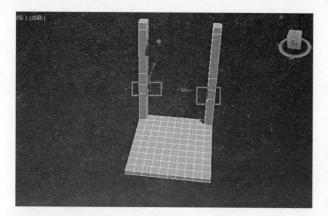

图5-49 选择侧面

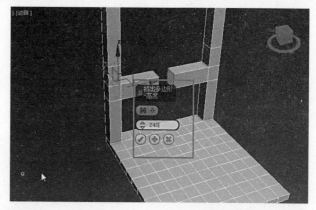

图5-50 挤出设置

（5）按住"Ctrl"键，同时选择左右竖向柱状体上的两个对立侧面（图5-49）。

（6）将这两个面"挤出"，挤出"厚度"设置为240.0mm，然后单击"对勾"（图5-50）。

（7）按住〈Ctrl〉键，同时选择左右竖向柱状体上的两个对立侧面，如果侧面面积过小，可以适当旋转观察角度（图5-51）。

（8）将这两个面精确"挤出"，挤出"厚度"设置为240.0mm，单击"对勾"（图5-52）。

（9）按住〈Alt〉键与鼠标中间的滚轮，将透视口旋转到椅子底部（图5-53）。

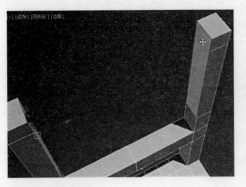

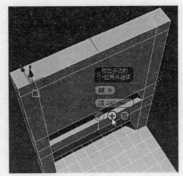

图5-51 选择侧面　　　　　　　　图5-52 挤出设置　　　　　　　　图5-53 旋转

- 补充要点 -

编辑多边形

　　"编辑多边形"修改器的内容最复杂，其功能也最强大，尤其是其中"多边形"层级中的"挤出"命令，能让毫无特征的立方体变化出无穷造型。在挤出过程中，一定要保持面的垂直度，不能有任何歪斜，不能中途添加其他修改器来改变模型的整体形态。如果希望通过"挤出"命令来完成整个模型的创建，应预先绘制好草图，精确规划每一步挤出的数值。本节所列实例是经过多次尝试才制作出来的，仅供参考，并不代表"挤出"命令操作很容易。

　　（10）按住〈Ctrl〉键，同时选择4个矩形（图5-54）。

　　（11）精确挤出这4个矩形，挤出"厚度"设置为400.0mm，单击"加号"（图5-55）。

　　（12）继续挤出"厚度"设置为80.0mm，单击"加号"（图5-56）。

　　（13）继续挤出"厚度"设置为200.0mm，单击"对勾"（图5-57）。

　　（14）选择椅子腿长边上的四个面，挤出280.0mm，单击"对勾"（图5-58）。

　　（15）选择椅子腿短边上的四个面，挤出240.0mm，单击"对勾"（图5-59）。

　　（16）按住〈Ctrl〉键，同时依次选择椅子的边缘矩形（图5-60）。

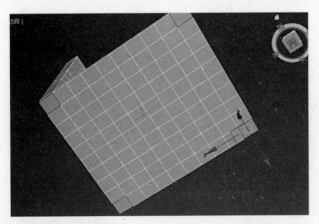

图5-54 选择矩形

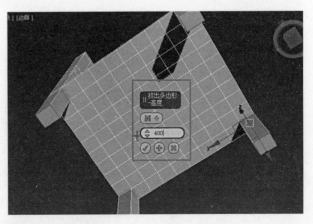

图5-55 挤出设置

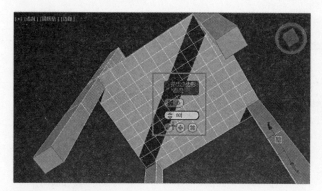

图5-56　挤出设置

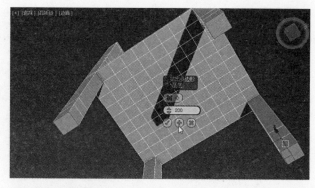

图5-57　挤出设置

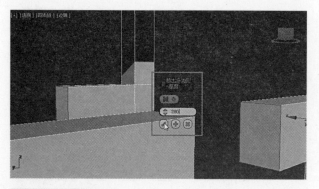

图5-58　选择挤出

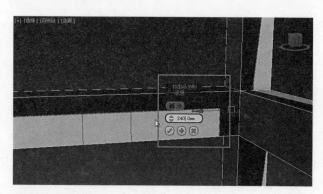

图5-59　选择挤出

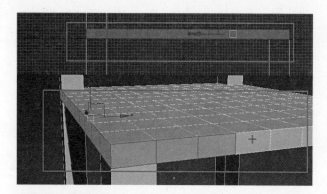

图5-60　选择矩形

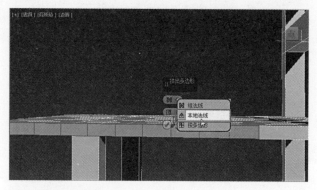

图5-61　挤出法线

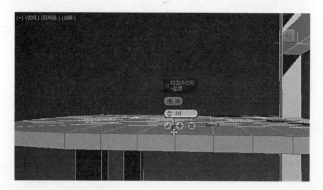

图5-62　挤出设置

（17）将其精确"挤出"，选择"本地法线"的挤出方式（图5-61）。

（18）挤出"厚度"设置为20.0mm，单击"对勾"（图5-62）。

（19）这样靠背椅就创建完成了。这是为其添加灯光、材质后的渲染效果（图5-63）。

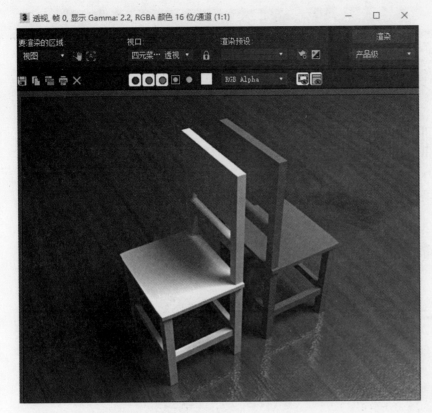

图5-63　靠背椅渲染后效果

第三节　材质编辑器

一、材质编辑器介绍

材质编辑器是为场景中的物体添加各种材质的工具，熟练使用材质编辑器就可以制作出任何材质，可以让制作的场景更加真实。

（1）工具栏中的材质按钮有两种状态，上方的是"精简材质编辑器"，下方的是"Slate材质编辑器"（图5-64）。

（2）单击工具栏中的"材质编辑器"，会弹出"Slate材质编辑器"（图5-65）。

（3）单击"模式"，选择"精简材质编辑器"，最上面的是材质编辑器的菜单栏（图5-66），下面的就是示例窗（图5-67）。

（4）在材质球上单击鼠标右键，选择"6×4示例窗"，右侧工具按钮组用于控制该示例窗的显示效果（图5-68）。

（5）在材质球面板下侧的工具按钮组用于控制操作视口的材质贴图效果（图5-69）。

（6）最下侧是参数控制面板，能控制着材质的类型与各种参数（图5-70）。

图5-64　材质按钮

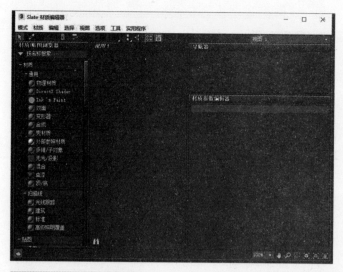

图5-65　Slate材质编辑器

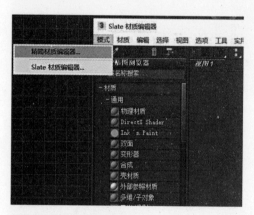

图5-66　编辑器菜单栏

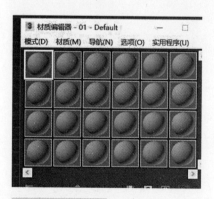

图5-67　材质示例

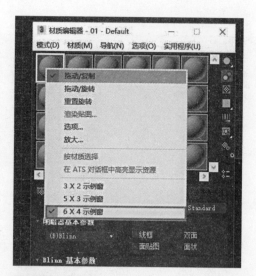

图5-68　示例窗

图5-69　控制贴图

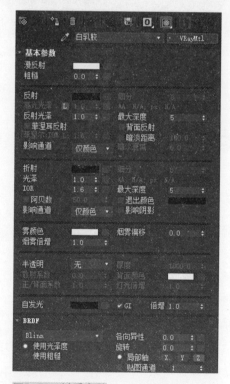

图5-70　材质参数

- 补充要点 -

3ds Max 2020材质球

3ds Max 2020中的材质球数量仍是24个，如果不够用可以将材质球上的材质赋予模型后再删除，腾出新的材质球继续使用。很多合并进来的模型都自带材质，不用再次使用材质球来设置了，因此，24个材质球能满足大多数效果图的制作要求。

二、控制贴图

控制好贴图，对于材质的表现是非常重要的，本节将介绍贴图控制的所有因素。

（1）新建场景，在场景中建立一个立方体模型，打开"材质编辑器"，单击第1个材质球指定给立方体（图5-71）。

（2）单击"物理材质"按钮，将此材质转为"标准"材质（图5-72）。

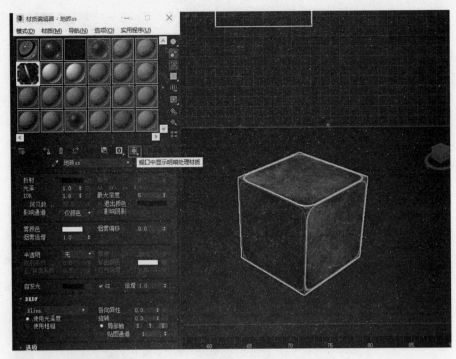

图5-71　创建材质模型

图5-72　转换材质

（3）单击"漫反射颜色"后的"色彩框"，就可以在弹出的"色彩选择器"中更改颜色了（图5-73）。

（4）为该材质添加一个贴图，打开文件夹找到一张图片，并单击图片按住鼠标左键不放，将图片拖到"漫反射贴图"后面的"无贴图"按钮中（图5-74）。

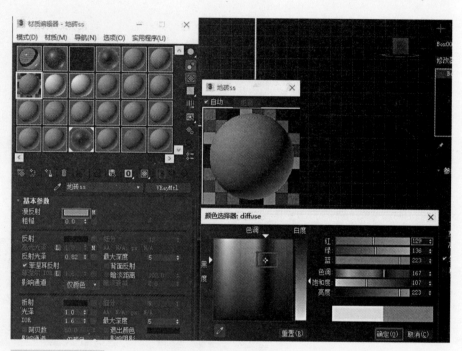

图5-73　更改颜色

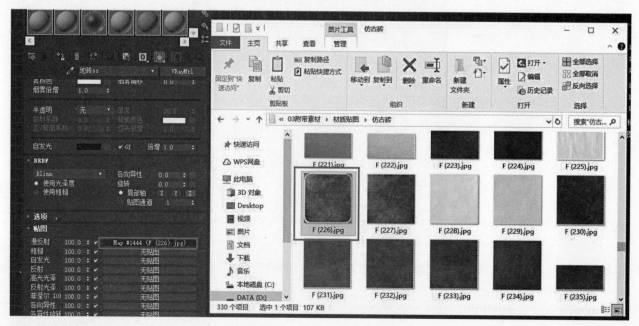

图5-74　选择贴图

（5）单击在视口中"显示明暗处理材质"按钮（图5-75）。

（6）单击"漫反射贴图"后面的"贴图"按钮（图5-76），进入"贴图"控制面板（图5-77）。

（7）修改"偏移"中"U"的数值，贴图就会在"U"向做左右偏移（图5-78）。

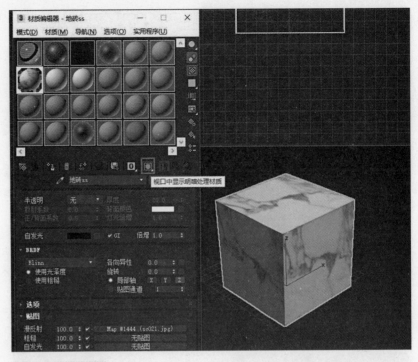

图5-75　处理材质

图5-76　选择贴图

图5-77　贴图面板

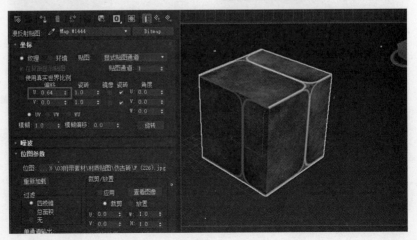

图5-78　左右偏移

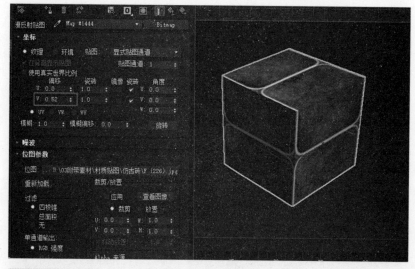

图5-79　上下偏移

（8）修改"偏移"中"V"的数值，贴图就会在"V"向做上下偏移（图5-79）。

（9）"偏移"后面的"瓷砖"能决定贴图在图中的平铺次数，将"U""V"向的"瓷砖"数量都设置为2（图5-80）。

（10）"镜像"能将图片在"U""V"方向上进行镜像操作，"瓷砖"下的两个复选框控制贴图是否能连续呈现在模型上（图5-81）。

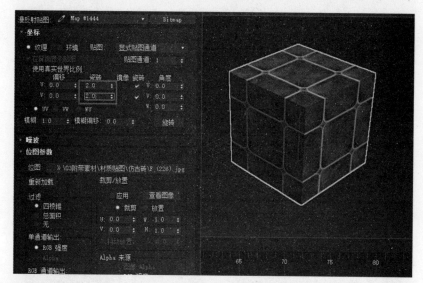

图5-80　贴图次数

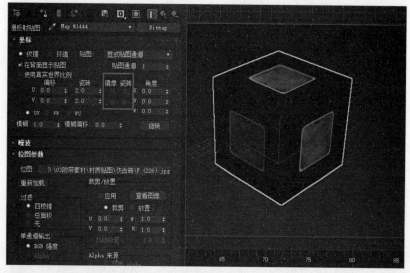

图5-81　镜像、瓷砖框

（11）"角度"能控制贴图在"U""V"向的缩放，"W"控制贴图的旋转角度（图5-82）。

（12）单击"旋转"，能同时控制整体角度的3个值变化（图5-83）。

（13）如果要切换贴图，单击"位图"后的"贴图"按钮（图5-84），直接打开文件夹选择要切换的贴图（图5-85）。

（14）单击"转到父对象"，就可以回到上一层级，继续对其他参数进行设置（图5-86）。

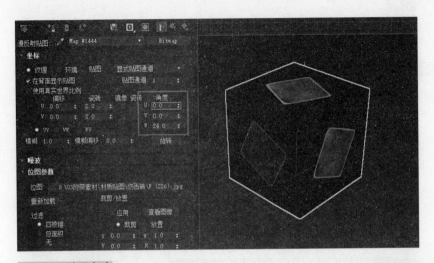

图5-82　贴图角度

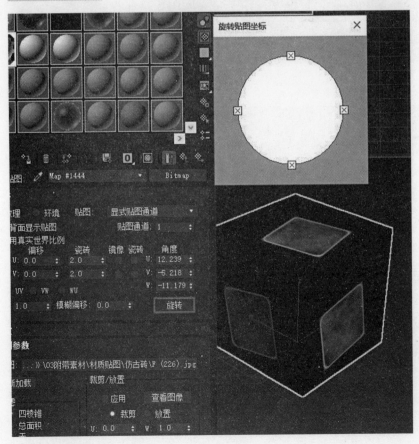

图5-83　旋转角度

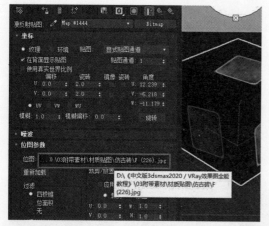

图5-84 切换贴图

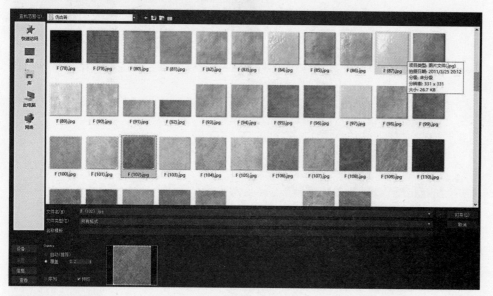

图5-85 选择贴图

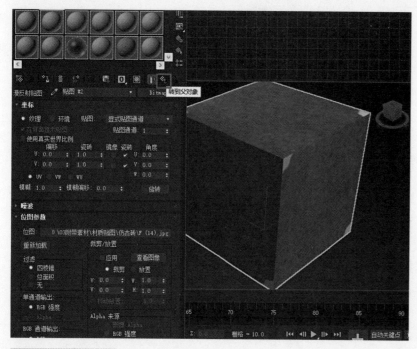

图5-86 返回上一层

三、UVW贴图修改器

"UVW贴图"修改器是能将物体表面贴图进行均匀平铺与调整的工具。

（1）新建场景，在创建命令面板的扩展基本体中创建切角立方体，并为其赋予一个材质（图5-87）。

（2）打开贴图文件，拖入一张贴图在材质球上面，并打开视口中的"显示明暗处理材质"按钮（图5-88），并将该材质重新赋予切角立方体（图5-89）。

图5-87　创建基本体材质

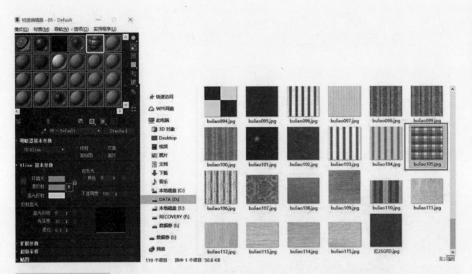

图5-88　选择贴图

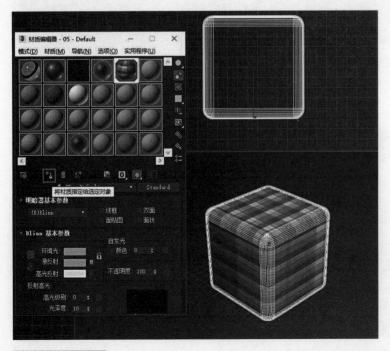

图5-89　处理材质

图5-90　修改命令

（3）进入修改命令面板，为刚才创建的切角立方体添加"UVW贴图"修改器（图5-90）。

（4）默认的贴图方式是"平面"，平面的贴图方式只是适合平整的物体，一般在室内场景中都是用"长方体"的贴图方式，因此，将贴图方式改为"长方体"（图5-91）。

（5）更改长方体的"长度""宽度""高度"的数值，一般数值相同的才能达到整体均匀的效果，现在将其均设置为100.0mm（图5-92）。

（6）调整贴图的"对齐"方式，可以让贴图位置更加精确，单击"对齐"选项中的"适配"按钮（图5-93）。

（7）其余几种贴图的对齐方式不常用，可以尝试修改。展开"UVW贴图"卷展栏，选择"Gizmo"，可以方便地对贴图进行旋转或移动（图5-94）。

（8）将该贴图继续进行调整，可以看到调整完毕后的效果（图5-95）。

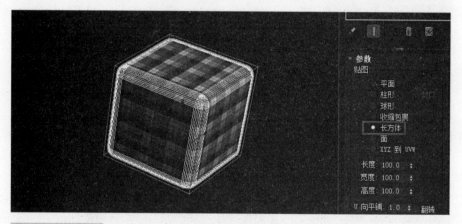

图5-91　贴图方式

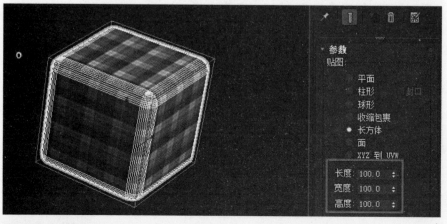

图5-92　设置数值

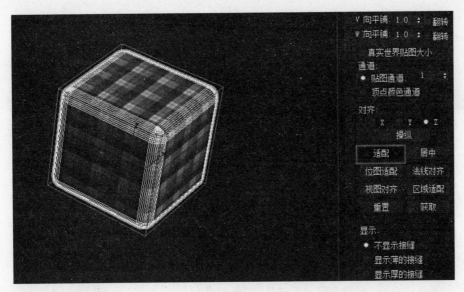

图5-93 对齐贴图

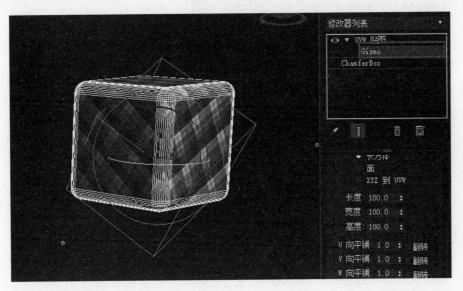

图5-94 移动贴图

图5-95 调整后效果

四、贴图路径

将一个场景使用不同的计算机打开，即使贴图文件都存在于计算机硬盘中，也会发现在渲染时没有贴图，这是因为贴图的路径错误所导致的，需要重新寻找贴图路径。

（1）打开场景模型文件"模型\第5章\单人沙发01"，打开时就会弹出"缺少外部文件"的对话框，单击"继续"按钮（图5-96）。

（2）进入场景后，按住"Shift+T"键，调出资源追踪，可以看到，有两张贴图丢失（图5-97）。

（3）按住"Shift"键加选中两个丢失的文件，右键点击设置路径（图5-98）。

（4）在打开的"制定资源路径"对话框，点选后面的省略号，重新指定路径（图5-99）。

（5）打开本书自带的材质贴图，找到丢失的贴图文件（图5-100）。

（6）可以看到丢失的文件已经被找到（图5-101）。

图5-96　打开文件

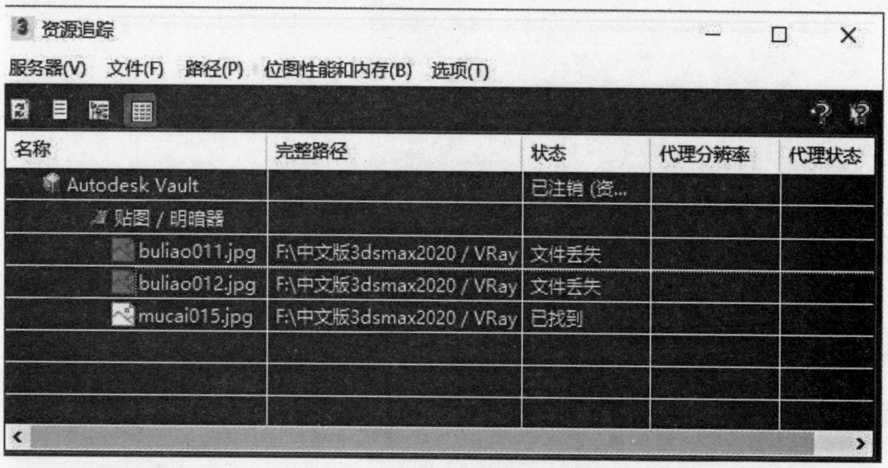

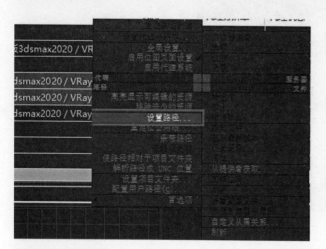

图5-97　资源追踪

图5-98　设置路径

图5-99　重新指定路径

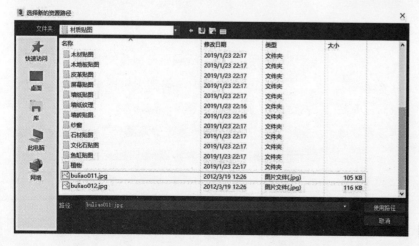

图5-100　确定贴图文件

（7）调整后，透视图可以看到重新附有材质的模型（图5-102）。

（8）单击工具栏最后的"渲染"按钮即可开始渲染。配置灯光与环境后的渲染效果如图5-103所示。

五、建筑材质介绍

建筑材质是在室内场景中运用广泛的材质类型，主要建筑材质的参数与使用方法如下：

（1）新建场景，在场景中创建一个长方体（图5-104），并打开"材质编辑器"（图5-105）。

图5-101　找回文件

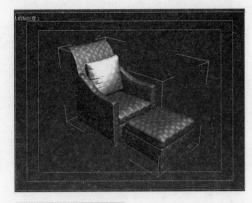

图5-102　贴图后模型

图5-103　渲染后效果

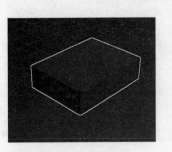

图5-104　创建基本体

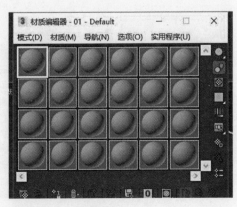

图5-105　材质编辑

- 补充要点 -

材质的定义与影响

材质是指物体表面看上去的质地，也可以理解是材料与质感的结合。在计算机渲染程序中，材质是表面各可视属性的结合，这些可视属性是指表面的色彩、纹理、光滑度、透明度、反射率、折射率、发光度等。在日常生活中，设计师应仔细分析产生不同材质的原因，才能更好地把握质感。

其实，影响材质不同的根源是光，离开光所有材质都无法体现。例如，借助夜晚微弱的天空光，往往很难分辨物体的材质，而在正常的照明条件下，则很容易分辨。此外，在彩色光源的照射下，也很难分辨物体表面的颜色，在白色光源的照射下则很容易。这也表明了物体的材质与光的微妙关系。本书配套资料中有预先设置好的成品材质，能满足基本需求。

（2）选择第1个材质球，将该材质球转为"建筑"材质，并将材质指定给对象（图5-106），单击"模板"下的"用户定义"，这是选择建筑材质类型的选框，里面有几乎所有适用于装修效果图的建筑材质（图5-107）。

（3）物理性质里面，第1项是"漫反射颜色"，单击后面的颜色框就改变模型材质颜色了。第2项是"漫反射贴图"，单击"无"按钮，就可以为模型增加不同的贴图（图5-108）。

（4）第3项是"反光度"。反光度是调节物体表面的物理光滑程度的，将光滑的瓷砖的"反射度"设置为90.0，表面越光滑这个值就应设置得越高，可以设置成瓷砖效果（图5-109）。

（5）第4项是"透明度"，数值越高物体就越透明，设置为100.0时为全透明，可以使用第5项设置成半透明材质效果（图5-110）。

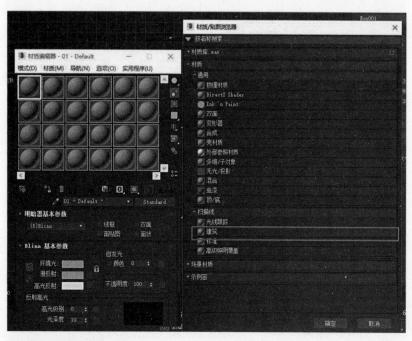

图5-106　转换材质

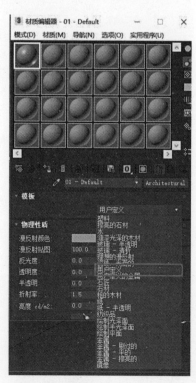

图5-107　模板

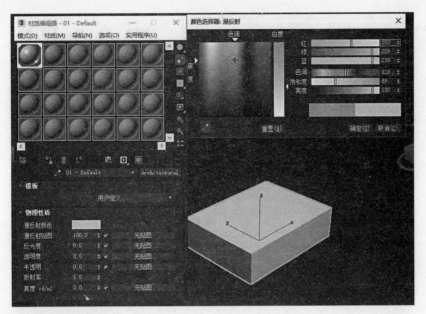

图5-108　选择颜色

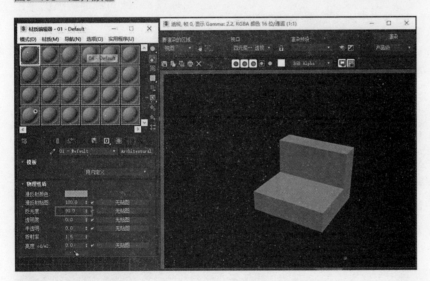

图5-109　设置光滑度

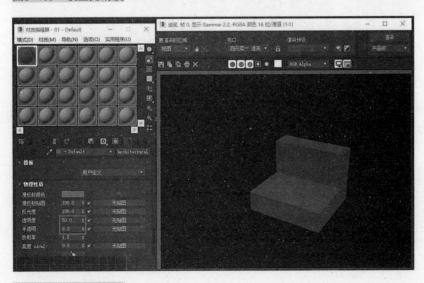

图5-110　设置透明度

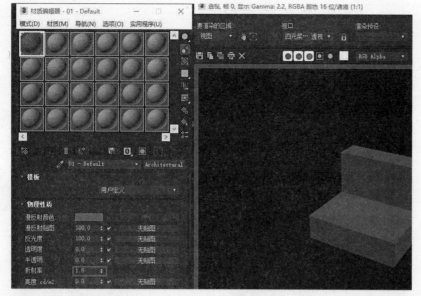

图5-111　设置折射率

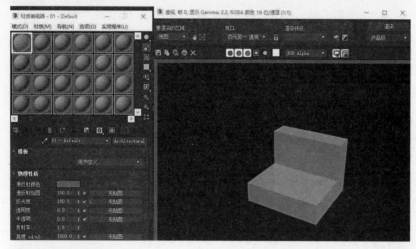

图5-112　设置亮度

（6）第6项是"折射率"，这项数值取决于物体的物理属性，水的折射率可设置为1.33，玻璃的折射率可设置为1.5（图5-111）。

（7）第7项是"亮度"，亮度是调节物体自发光的亮度，可以让物体发光，可以将其设置为1000.0（图5-112）。

（8）展开下面的"特殊效果"卷展栏，第1项为"凹凸"，可以为物体表面添加凹凸纹理的特殊效果，单击"无"按钮，可以选择1张陶瓷锦砖贴图（图5-113）。

（9）渲染透视图场景，发现物体上出现了陶瓷锦砖的凹凸纹理（图5-114）。在效果图制作中，其他项目的参数一般很少使用，可以根据需要尝试使用。

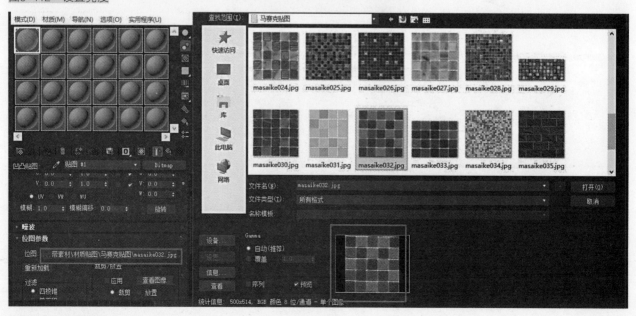

图5-113　选择贴图

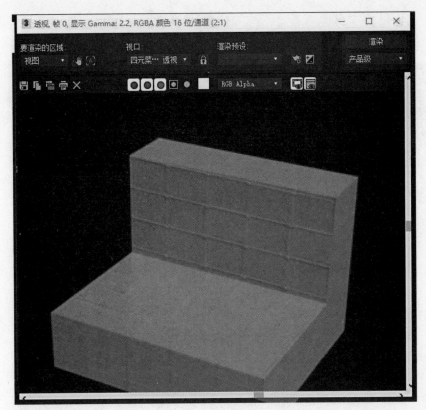

图5-114 视图效果

贴图与材质的区分

贴图与材质是有区别的。简单的理解，材质类似颜料，利用材质能使苹果显示为红色，而使橘子显示为橙色。还可以为铬合金添加光泽，为玻璃添加抛光。材质可以使场景看起来更真实。材质的基本选项有环境光、漫射光、透明度、高光级别、光泽度、光线跟踪、双面、多维子材质等。

贴图是将图片信息投影到模型表面的方法。通过应用贴图，可以将图像、图案，甚至表面纹理添加至模型。这种方法类似使用包装纸包裹礼品，不同的是，它能使用修改器将图片以数学方法投影到曲面模型上，而不是简单地覆盖在曲面模型上。贴图的类型有位图、凹痕、衰减、镜面、蒙板、澡波、反射／折射、瓷砖。

六、多维子对象材质介绍

多维子对象材质是在多边形建模中大量运用的材质之一，在同一种物体上要赋予两种不同的材质时，就需要运用多维子对象材质。

（1）新建场景，设置单位，在视口中创建一个切角立方体，将立方体的"长度分段""宽度分段""高度分段""圆角分段"都设置为3（图5-115）。

（2）在切角长方体上面单击鼠标右键，选择"转换为可编辑多边形"（图5-116）。

（3）进入修改面板，展开"可编辑多边形"卷

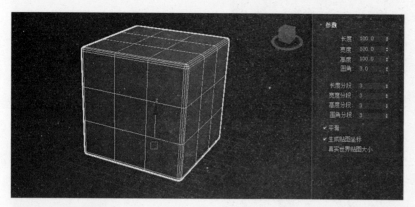

图5-115 创建基本体

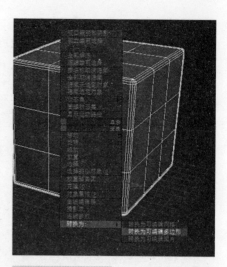

图5-116 转换命令

图5-117 修改编辑

图5-118 选择面

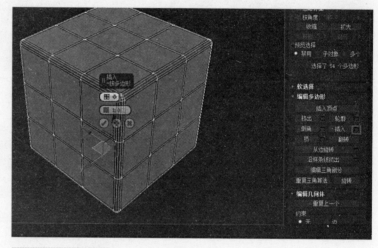

图5-119 插入设置

图5-120 菜单编辑命令

展栏,选择"多边形"层级(图5-117)。

(4)按住〈Ctrl〉键,同时选择6个面的"9宫格"(图5-118)。

(5)向下拖动修改面板,单击"插入"后面的"设置"按钮,选择"按多边形"的方式插入1,单击"对勾"(图5-119)。

(6)选择菜单"编辑→反选"(图5-120),向下滑动修改面板,在"多边形:材质ID"卷展栏下将"设置ID"设置为1(图5-121)。

(7)选择顶面的"9宫格",将"设置ID"设置为2(图5-122)。

(8)依次选择模型其他面上的"9宫格",将它们的"设置ID"分别设置为3、4、5、6、7(图5-123)。

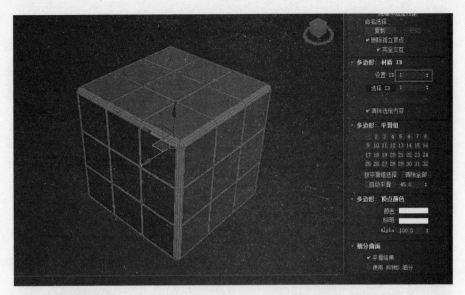

图5-121　修改面板

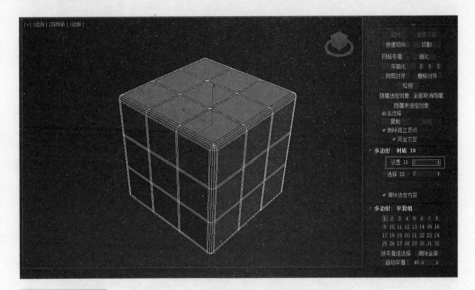

图5-122　设置ID

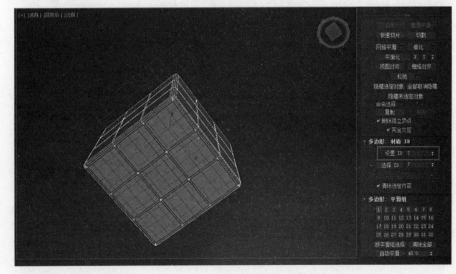

图5-123　设置其他ID

图5-124 材质编辑

图5-125 替换材质

图5-126 材质数量

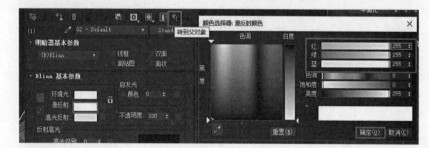

图5-127 颜色设置

图5-128 选择材质

（9）打开材质编辑器，选择第1个材质球，单击"Standard"按钮，选择"多维/子对象"（图5-124）。

（10）在弹出的"替换材质"对话框中选择"将旧材质保存为子材质"（图5-125）。

（11）在"多维/子对象基本参数"卷展栏中单击"设置数量"按钮，将"材质数量"设置为7（图5-126）。

（12）单击1号材质，进入材质将漫反射颜色设置为白色，设置完成后单击"转到父对象"按钮（图5-127）。

（13）单击2号材质球的"无"按钮，选择"标准"材质（图5-128）。进入该材质后，将漫反射颜色设置为红色，设置完成后单击"转到父对象"按钮（图5-129）。

（14）将下面的材质都设选择"标准"材质，并设置为不同的颜色，再选择切角长方体，单击"将材质指定给选定对象"按钮（图5-130）。

（15）将透视图渲染。渲染后的效果如图5-131所示。

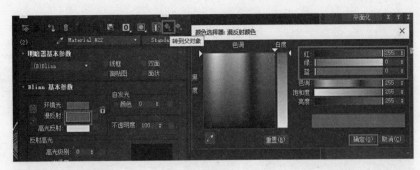

图5-129 颜色设置

多维子对象材质

多维子对象材质能节省材质球的使用，适用于具有多种材质的模型，如赋予多种材质的空间墙面、重要的陈设饰品、旗帜标语、彩色透光灯箱等。

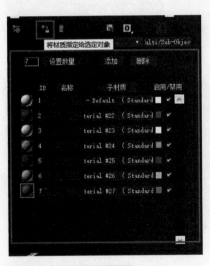

图5-130 材质设置颜色

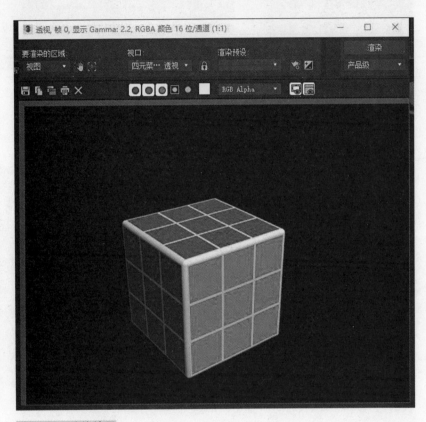

图5-131 渲染效果

第四节 实例制作——家具材质贴图

（1）打开本书配套资料中"模型\第5章\室内场景.max"，打开材质编辑器，选择第1个材质球，并将其命名为木地板（图5-132）。

（2）将该材质转为建筑材质，在模板中选择"油漆光泽的木材"，并在漫反射贴图中拖入一张木地板的贴图，并单击"视口中显示明暗处理材质"按钮（图5-133）。

（3）选择地面，将第1个材质球赋予地面物体，进入修改面板，为地面添加"UVW贴图"修改器，选择"平面"贴图，并将贴图的"长度"与"宽度"

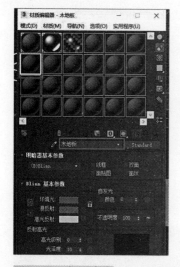

图5-132 打开命名

图5-133 选择模板贴图

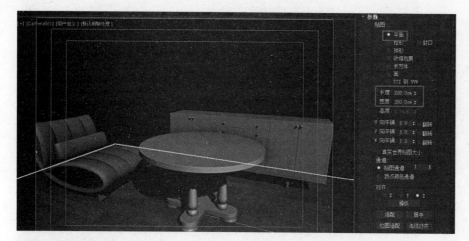

图5-134 贴图设置

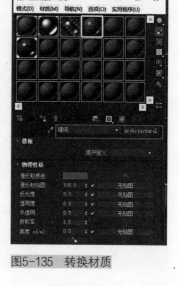

图5-135 转换材质

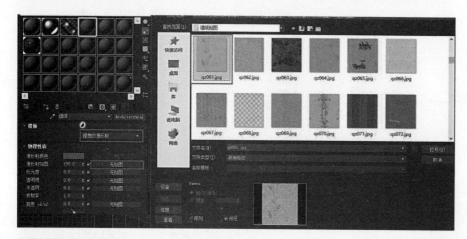

图5-136 选择贴图

均 设置为200.0mm（图
5-134）。

（4）选择第2个材质球，
将其命名为墙纸，将该材质
转为"Architectural"建筑
材质（图5-135）。

（5）在模板中选择"理
想的漫反射"，并在漫反射
贴图中拖入一张墙纸的贴
图，并单击"视口中显示
明暗处理材质"按钮（图
5-136）。

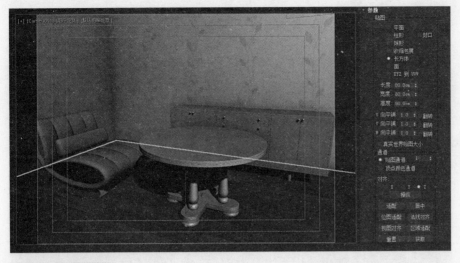

图5-137 贴图设置

图5-138 转换材质

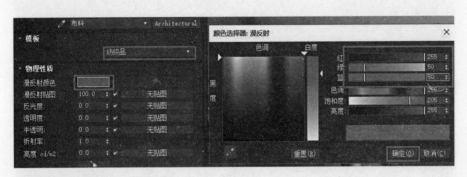

图5-139 颜色设置

（6）选择墙面，将第2个材质球赋予墙面物体，进入修改面板，为地面添加"UVW贴图"修改器，选择"长方体"贴图，并将贴图的"长度"与"宽度"均设置为80.0mm（图5-137）。

（7）选择第3个材质球，将其命名为布料，将该材质转为建筑材质（图5-138）。

（8）在模板中选择"纺织品"，并将漫反射颜色设置为红色（图5-139）。

（9）将材质赋予小沙发的外皮（图5-140）。

（10）选择第4个材质球，将其命名为"黑布料"，将该材质转为"Architectural"建筑材质，在

图5-140 沙发材质

模板中选择"纺织品",并将漫反射颜色设置为黑色,将材质赋予小沙发的内皮(图5-141)。

(11)选择第5个材质球,将其命名为"白布料",将其转为"Architectural"建筑材质,在模板中选择"纺织品",并将"漫反射"颜色设置为白色,将材质赋予小沙发的靠枕(图5-142)。

(12)选择第6个材质球,将其命名为"玻璃",将其转为"Architectural"建筑材质,在模板中选择"玻璃–清晰",并将"漫反射"颜色设置为灰蓝色,

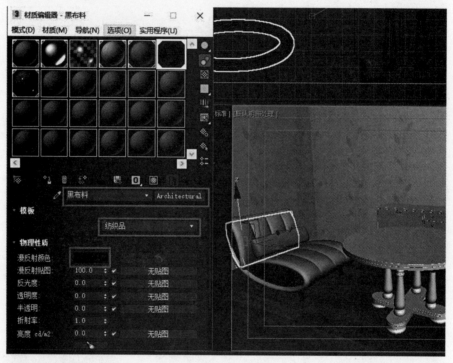

图5-141　颜色设置

图5-142　靠枕材质

将材质赋予茶几台面（图5-143）。

（13）选择第7个材质球，将其命名为"不锈钢"，将其转为"Architectural"建筑材质，在模板中选择"金属"，并将"漫反射"颜色设置为黑色，将材质赋予茶几其余部分、沙发的脚、柜子的脚、柜子的把手（图5-144）。

（14）选择第8个材质球，将其命名为"木材"，将其转为"Architectural"建筑材质，在模板中选择"油漆光泽的木材"，并将"漫反射"颜色设置为蓝色，将材质赋予柜子（图5-145）。

（15）完成之后，使用Vray渲染器渲染。渲染后的效果如图5-146所示。

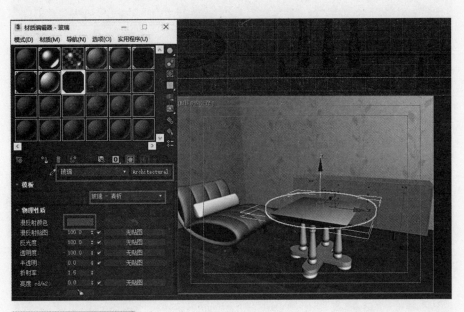

图5-143　茶几台面材质

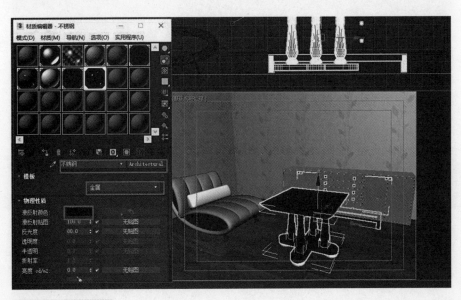

图5-144　茶几材质

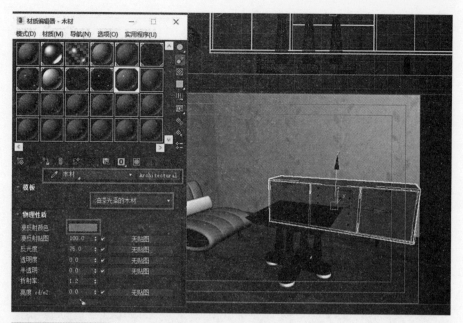

图5-145　柜子材质

图5-146　渲染后效果

本章小结

本章介绍了3ds Max 2020中的几种常用修改器，用以达到细化模型的效果，重点还讲解了材质编辑与贴图的控制方法，材质对整理效果图模型是非常重要的，要求读者了解并掌握对模型赋予精确材质与贴图的技巧，以渲染出高质量的效果图。

课后练习

1. 空间修改器常用种类有哪几种？

2. 同一模型添加修改器时，需要注意哪些方面？

3. 什么是材质？

4. 材质编辑器和贴图的区别在哪里？

5. 结合修改器内容，创建枕头和课桌椅。

6. 运用材质和贴图的方法，创建一组空间布置场景。

第六章
建立场景模型

PPT 课件

案例素材

操作教学视频

学习难度：★ ★ ★ ★ ☆
重点概念：绘制、建模、分离、合并

<章节导读

　　在3ds Max 2020中建模，最常用的就是利用AutoCAD图形进行创建。AutoCAD可以精确制作出每条线的尺寸，而3ds Max 2020中没有线的尺寸，只有图形的尺寸，这也正是利用AutoCAD图形进行建模的原因。本章以儿童卧室为例，介绍使用AutoCAD创建墙体模型的方法。

第一节　导入与创建

一、导入图样文件

　　要将AutoCAD中的文件导入3ds Max 2020中比较简单，只是要注意将图样中无关的图形、文字全都删除，保存好备份文件后再导入即可。

　　（1）新建场景，进行单位设置，在菜单栏单击"自定义"，选择"单位设置"，将公制与系统单位都设置成"mm"，单击"确定"按钮（图6-1）。

　　（2）导入CAD图形文件，单击左上角的"主菜单"，选择"导入→导入"（图6-2）。

　　（3）打开"模型\第6章\平面布置图"（图6-3）。

　　（4）在弹出的"导入选项"对话框中勾选"焊接附近顶点"，并将"焊接阈值"设置为10.0mm，勾选"封闭闭合样条线"，最后单击"确定"按钮

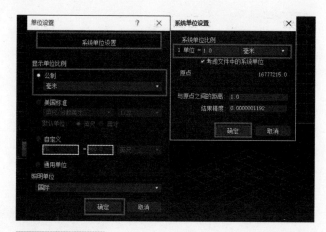

图6-1　设置单位

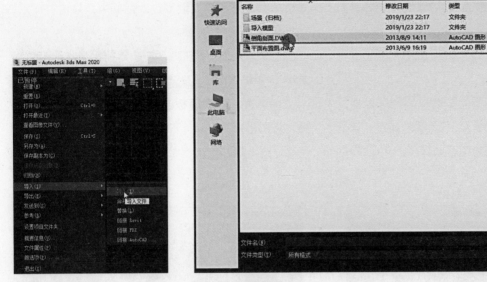

图6-2　导入文件　　　　图6-3　打开文件

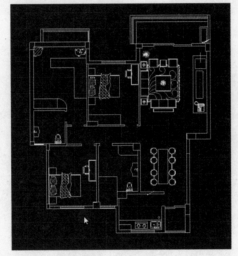

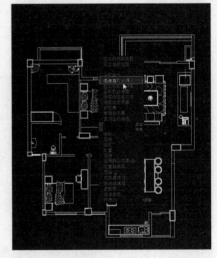

图6-4　导入选项　　　　图6-5　视口显示　　　　图6-6　冻结图形

（图6-4）。

　　（5）进入顶视口，并切换至最大化视口，显示导入图样文件全貌
（图6-5）。

　　（6）框选所有导入的CAD图形文件，单击鼠标右键，在快捷菜单
中选择"冻结当前选择"（图6-6），该图样文件就被冻结了，不能再被
选中，这样在后期建模时就不会选中冻结对象，能有效避免选中错误和
移动缓慢的问题。

二、创建墙体模型

创建墙体是采用"二维线",沿着墙体轮廓重新绘制一遍,再使用"拉伸"修改器变为三维模型。操作比较简单,但要注意绘制的精度,不能出现偏差。

(1)虽然冻结的图样不能被选中,但可以捕捉到图样,将"3维"捕捉切换至"2.5维"捕捉,按下"捕捉"按钮不放,向下拖动即可选择"2.5维"捕捉(图6-7)。

(2)在"2.5维"捕捉按钮上单击鼠标右键,在弹出的"栅格和捕捉设置"对话框中只勾选"顶点"(图6-8)。

(3)切换到"选项",勾选"捕捉到冻结对象",关闭"栅格和捕捉设置"对话框(图6-9)。

(4)进入创建面板选择图形中的"线"进行创建,将图形放大,按〈G〉键取消栅格线,从左上角开始,进行顺时针捕捉绘制(图6-10)。

图6-7 切换空间

图6-8 设置顶点

图6-9 勾选选项

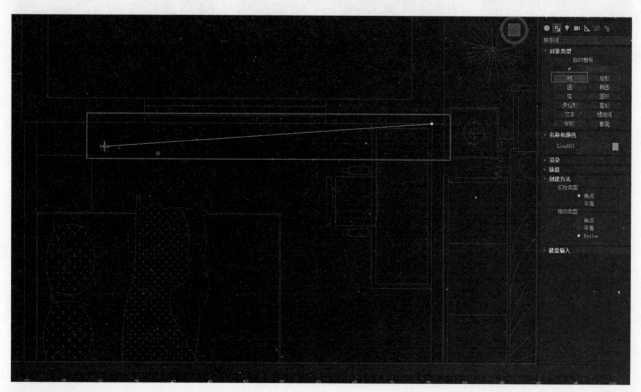

图6-10 绘制图形

- 补充要点 -

导入"dwg"文件

将AutoCAD的".dwg"格式文件导入后，可以在该图形上修改线条，只不过比较麻烦，还不如重新描绘一遍。".dwg"格式文件导入后会占用过多内存，因此，应尽快描绘出墙体轮廓，及时删除导入的图形，保障计算机能顺利运行。

（5）按住鼠标中间滚轮可以推动视图，依次单击墙角，注意在门的两边都应单击顶点，确定门的宽度（图6-11）。

（6）在窗的周边也需要单击顶点（图6-12）。

（7）回到原点，单击起始点，弹出"样条线"对话框，单击"是"按钮（图6-13）。

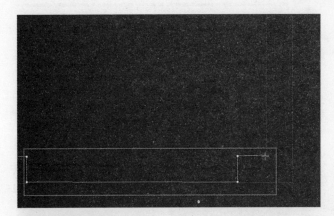

图6-11 设置顶点

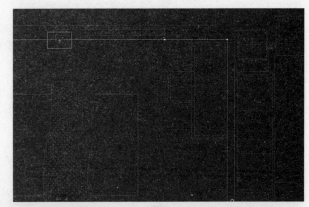

图6-12 设置顶点

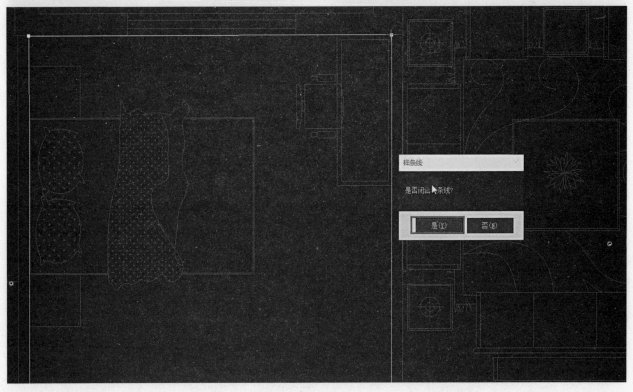

图6-13 闭合线条

（8）进入修改面板，在修改器列表位置单击鼠标右键，勾选"显示按钮"（图6-14）。

（9）继续在修改器列表位置单击右键，单击"配置修改器集"（图6-15）。

（10）在修改器集中将几个常用的修改器拖入8个方框位置，完成后单击"确定"按钮（图6-16）。

（11）直接在"修改器"控制面板中单击"挤出"按钮，将"数量"设置为2900.0mm（图6-17）。

（12）单击视口区右下角的"最大化视口"按钮，观察透视口中的效果（图6-18）。

（13）再为其添加"法线"修改器，在视口中单击鼠标右键选择"对象属性"（图6-19）。

（14）在"对象属性"对话框中，勾选"背面消隐"，单击"确定"按钮（图6-20）。

（15）选中模型，单击鼠标右键，选择"转换为可编辑多边形"（图6-21）。

（16）按键盘上〈F3〉键，选择"边"层级，勾选"忽略背面"，最大化透视口，按住〈Ctrl〉键，同时选中窗的两条边（图6-22）。

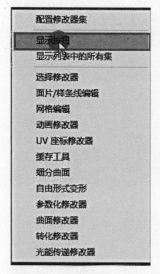

图6-14 修改命令

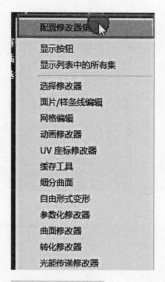

图6-15 配置修改

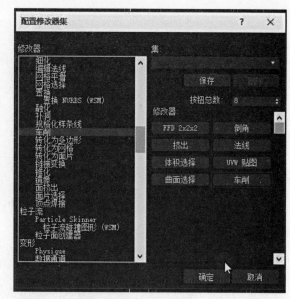

图6-16 设置修改器

图6-17 挤出设置

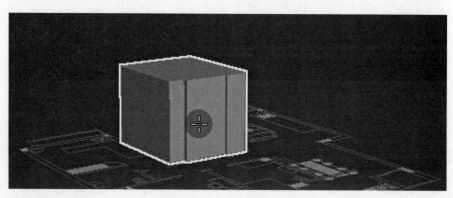

图6-18 视口效果

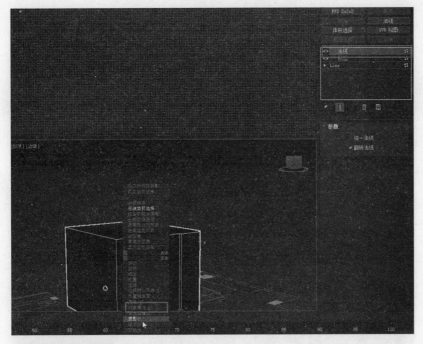

图6-19 修改器命令

图6-20 属性设置

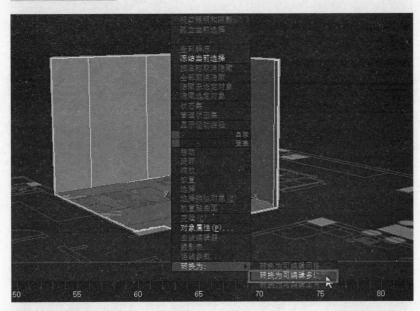

图6-21 转换

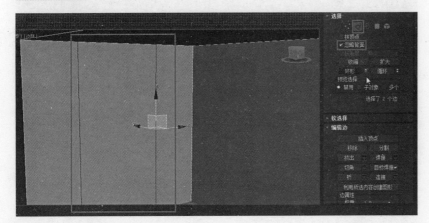

图6-22 选择图形

（17）滑动修改面板滑块，选择"连接"后面的"设置"小按钮，连接两条边（图6-23）。

（18）使用"移动"工具选择上面的边，在屏幕下方轴坐标的"Z"轴上输入2300.0mm（图6-24）。

（19）选择下面的边，在屏幕下方轴坐标的"Z"轴上输入1100.0mm（图6-25）。

（20）切换到"多边形"层级，选择窗的多边形，选择"挤出"按钮，输入-190.0mm（图6-26）。

（21）按键盘上的〈Delete〉键，删除此多边形，按〈F3〉键回到"实体显示"模式（图6-27）。

三、制作顶面与地面

1. 分离地面与顶面

分离地面与顶面的目的是为了更加方便深入地塑造模型，同时也能方便后期贴图。地面与顶面的创建模型内容较多，构造复杂，与墙面连接在一起不太方便，容易出错。

（1）最大化显示透视口，进入"多边形"层级，勾选"忽略背面"，选择底面并将底面与模型分离（图6-28）。

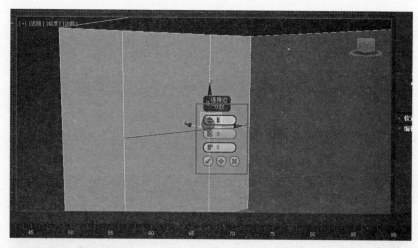

图6-23　修改面板滑块

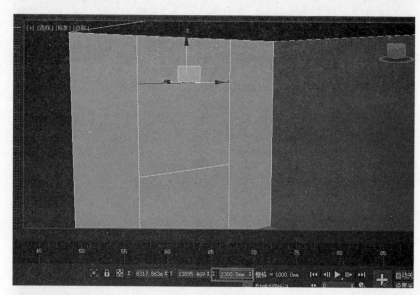

图6-24　上移动

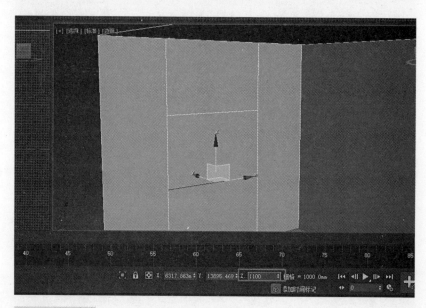

图6-25　下移动

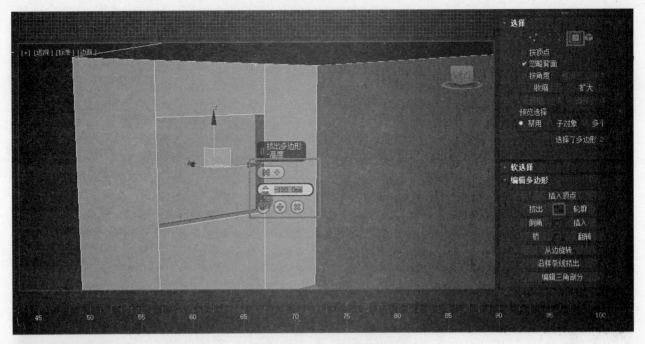

图6-26　挤出设置

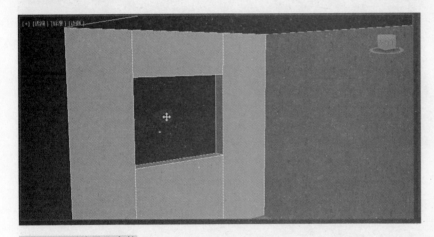

图6-27　删除显示实体

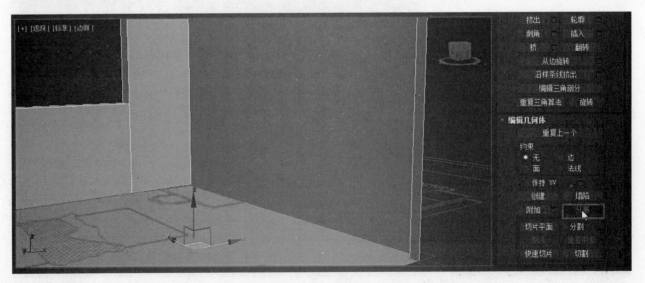

图6-28　分离

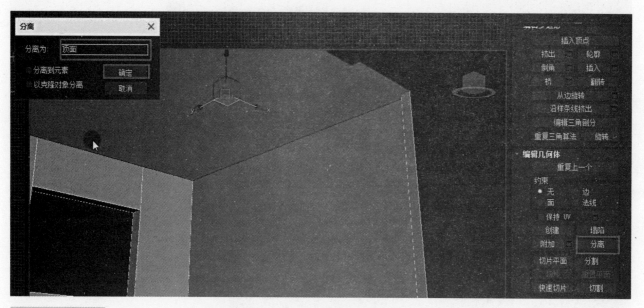

图6-29 分离命名

（2）分离底面，将对象名称改为"地面"，单击"确定"按钮（图6-29）。

（3）选择顶面并将顶面分离，将分离出来的对象"001"改为"天花板"，单击"确定"按钮（图6-30）。

（4）单击右下角的最大化视口切换回到4视口，再将顶视口最大化显示（图6-31）。

2. 制作顶面样条线

（1）在顶视图新建矩形，大小为80mm×80mm（图6-32）。

图6-30 顶面分离

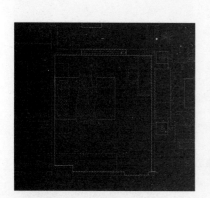

图6-31 顶视口最大化显示

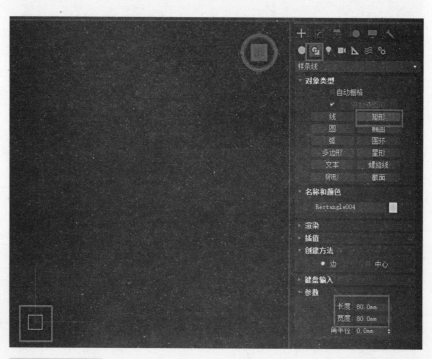

图6-32 新建图形

（2）选中矩形，右键将其转换为可编辑样条线（图6-33）。

（3）进入修改面板，展开"Line"卷展栏，选择"顶点"级别，将图中的曲线上的顶点转换为"Bezier角点"（图6-34）。

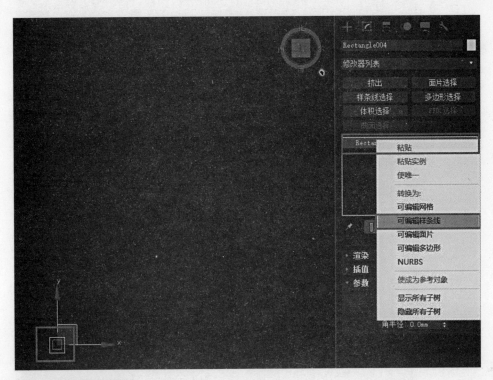

图6-33　转换编辑线条

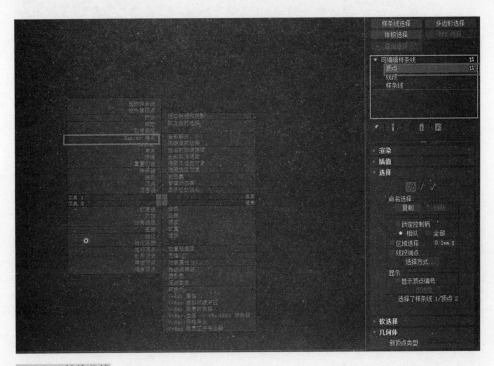

图6-34　转换曲线

（4）仔细调节这几个点，注意弧线形体应尽量平滑，然后将其移至旁边（图6-35）。

（5）右键，单击细化，并添加两个点（图6-36）。

（6）缩小视口，进入创建面板，继续创建线，捕捉绘制墙体外形，最后应闭合样条线（图6-37）。

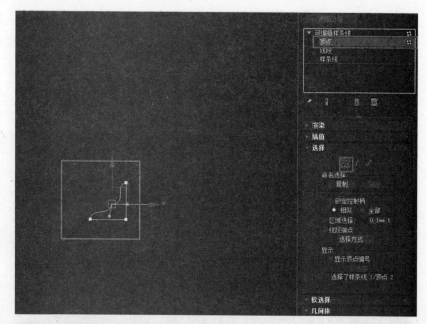

图6-35　平滑形状

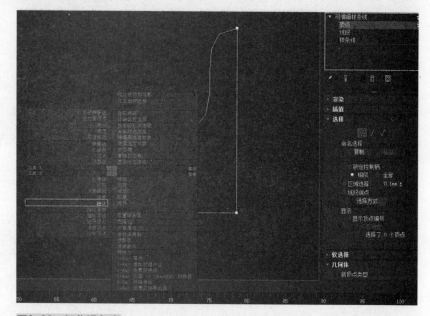

图6-36　细化添加点

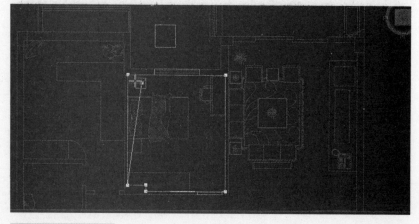

图6-37　外形线闭合

（7）进入修改面板，为该样条线添加一个"扫描"修改器（图6-38）。

（8）添加完毕后，在"截面类型"卷展栏中单击"拾取"按钮，然后单击刚才绘制的装饰角线的截面造型（图6-39）。

（9）回到透视口，选择倒角剖面物体，将其向上移至接近顶部的位置，在修改面板中展开"扫描参数"修改器的层级，勾选"XZ平面上镜像"，勾选"YZ平面上镜像"，并根据需要，调整下方轴对齐的位置（图6-40）。

（10）使用"移动"工具，将样条线移到合适的高度，这时装饰角线的方向就调整到位了（图6-41）。

图6-38　扫描命令

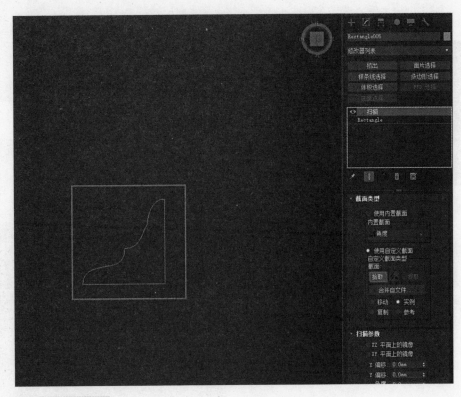

图6-39　拾取图形

图6-40　移动对齐

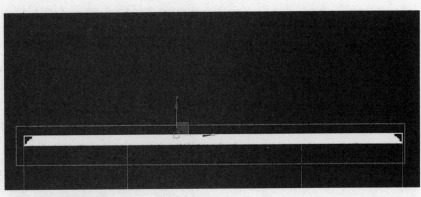

图6-41　调整样条线

- 补充要点 -

装饰线条

装饰线条是效果图中的常用模型，创建方法很多，其中放样是最简单的方法，如果对装饰线条的造型有更严格的规范，可以根据产品图样或照片，预先绘制成封闭的截面图形，并保存下来，待需要时再合并到空间场景中来。本书配套资料中也附带不少装饰线条模型，可以随时合并、调用。

四、创建门、窗、楼梯

在创建面板中有现成的各种门、窗、楼梯，下面将介绍各种门、窗、楼梯的创建与调整。

1. 门的创建

新建场景，在创建面板中，打开下拉菜单选择"门"，这里面有3种门的模型可供选择（图6-42）。

（1）枢轴门，单击"枢轴门"按钮，即可在透视口中创建枢轴门（图6-43）。进入修改面板，可以调节其参数，在"打开度数"中输入参数，可以让门打开一定角度（图6-44）。在"打开度数"上方有3个

图6-42 选择门类型

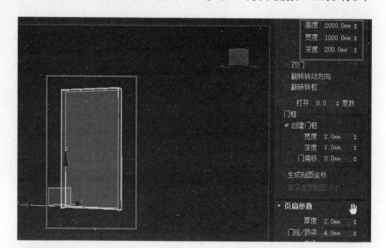

图6-43 枢轴门

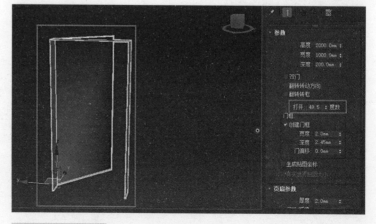

图6-44 设置度数

选项，勾选后会有不同效果，现在将"双门"勾选（图6-45）。在"门框"选项中，可以选择有门框的造型，现在勾选"创建门框"，能调节门框"宽度""深度""门偏移"等参数（图6-46）。在"页扇参数"卷展栏中能设置更多形态，通过调节参数来达到设计要求（图6-47）。

（2）推拉门，单击"推拉门"，在场景中创建推拉门（图6-48）。进入修改面板，可以调节其参数，如"前后翻转"与"侧翻"可以控制门的开启方式，还可以设置门的"打开"参数（图6-49）。勾选"创建门框"，可以设置门框的各项参数，包括门框的"宽度""深度""门偏移"等参数项（图6-50）。在"页扇参数"卷展栏中，可以对门扇进行各种变形，通过调节达到设计需求（图6-51）。

（3）折叠门，参数与上述两种门基本相同（图6-52），这里就不重复介绍了。

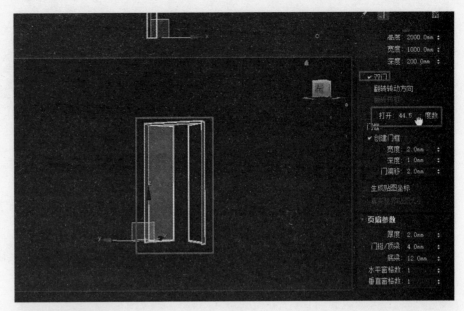

图6-45 调节参数

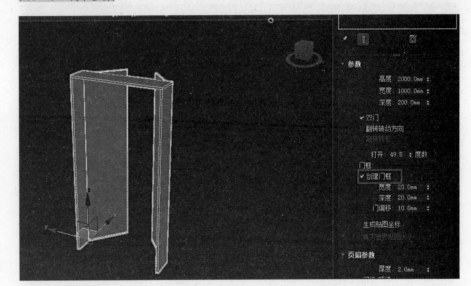

图6-46 调节门框

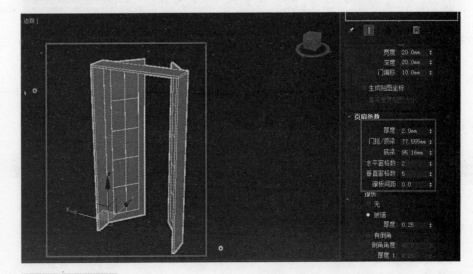

图6-47 设置形态

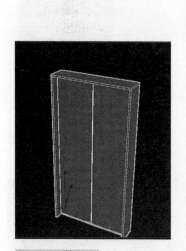

图6-48　推拉门

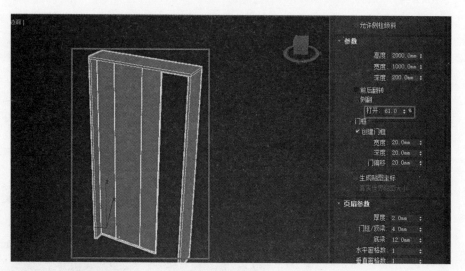

图6-49　设置打开参数

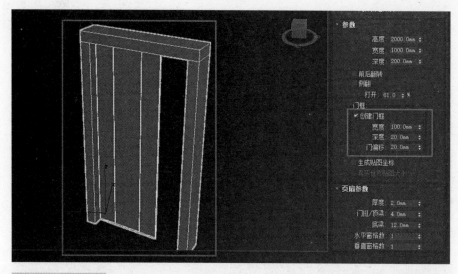

图6-50　设置门框

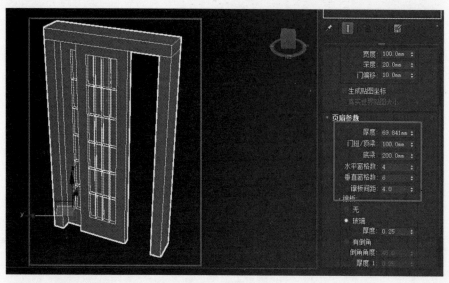

图6-51　设置页扇数

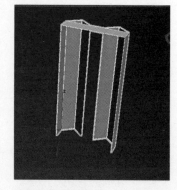

图6-52　折叠门

- 补充要点 -

门窗样式

3ds Max 2020中所能创建的门窗样式已经很丰富了，如果能根据设计要求来调节参数，就能创造出更多样式，能满足绝大多数效果图的制作要求。

图6-53 选择窗类型

2. 窗的创建

新建场景，在创建面板中，打开下拉菜单选择"窗"，对象类型中提供了6种窗户的创建（图6-53）。

（1）遮篷式窗。创建一个遮篷式窗（图6-54）。进入修改面板，分别改变窗框的参数（图6-55）。可以调节窗户玻璃的厚度。给予窗格一定宽度，将"窗格数"设置为2，还可以根据需要设置开窗角度，将窗户打开（图6-56）。

（2）平开窗。参数与遮篷式窗的参数基本一样，调节参数后的效果如图6-57所示。

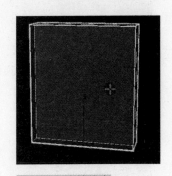

图6-54 遮篷式窗

图6-55 设置窗框参数

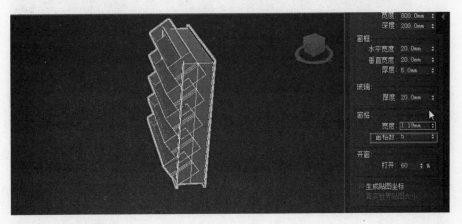

图6-56 设置窗格数

（3）固定窗。参数与上述其他窗的参数基本相同，只是固定窗不能开关，调节参数后可见效果不同（图6-58）。

（4）旋开窗。参数与上述其他窗的参数基本相同，只是旋开窗多了"轴"选项，调节参数后可见效果不同（图6-59）。

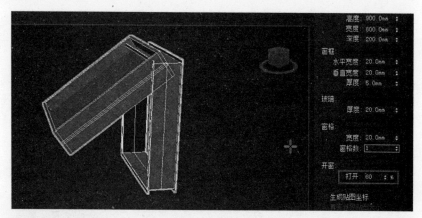

图6-57　平开窗

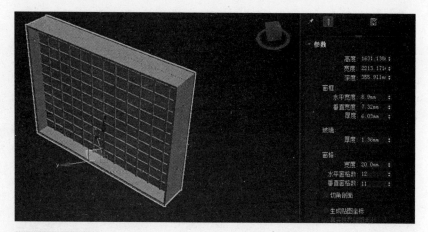

图6-58　固定窗

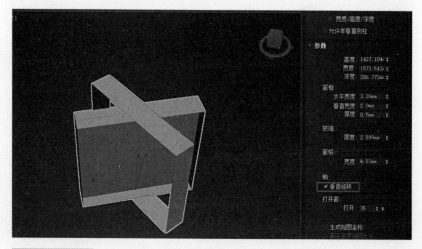

图6-59　旋开窗

（5）伸出式窗。参数与上述其他窗的参数基本相同，调节参数后可见效果不同（图6-60）。

（6）推拉窗。参数与上述其他窗的参数基本相同，调节参数后可见效果不同（图6-61）。

3. 楼梯的创建

新建场景，在创建面板中，打开下拉菜单选择"楼梯"，对象类型中提供了4种楼梯样式（图6-62）。

（1）直线楼梯。在透视口中创建直线楼梯，可以设置相关参数（图6-63）。进入修改面板，在"参数"卷展栏中的"类型"选项下有3种形式可以选择，默认为"开放式"，可以根据需要分别选择其他两种形式。在"生成几何体"选项中，可以根据需要勾选部分选项（图6-64）。"布局"选项能调节楼梯整体的长度与宽度。"梯级"选项主要控制楼梯的总高，每级台阶高与台阶数（图6-65）。"栏杆"卷展栏中的"参数"选项能调节栏杆的位置、高度、形状、大小（图6-66）。

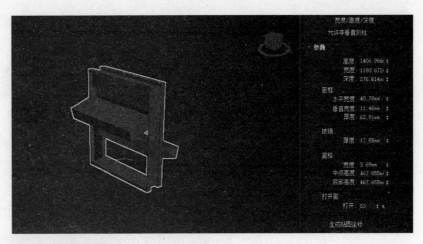

图6-60　伸出式窗

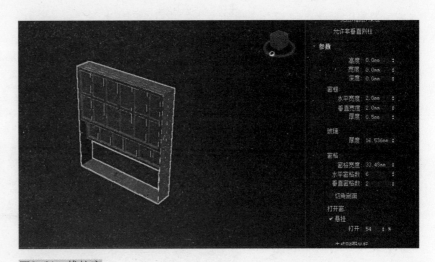

图6-61　推拉窗

图6-62　楼梯类

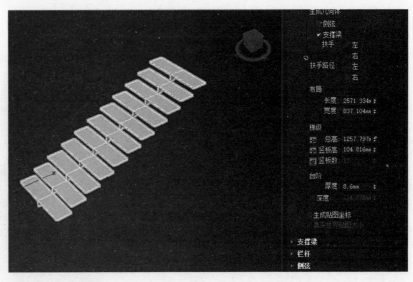

图6-63　直线楼梯

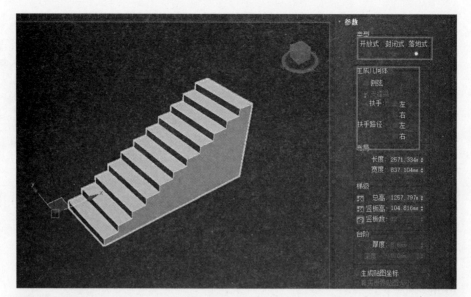

图6-64　落地式

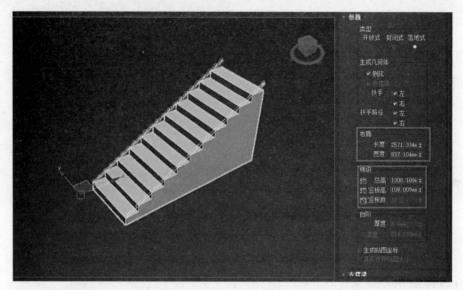

图6-65　楼梯布局

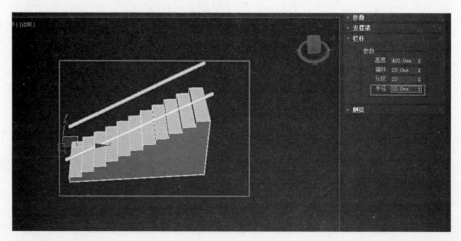

图6-66　调节栏杆

（2）L形楼梯。L形楼梯的参数与上述楼梯基本相同，调节参数后可见效果不同（图6-67）。

（3）U形楼梯。U形楼梯的参数与上述楼梯基本相同，调节参数后可见效果不同（图6-68）。

（4）螺旋楼梯。螺旋楼梯的参数与上述楼梯基本相同，只是多了一根中柱，调节参数后可见效果不同（图6-69）。

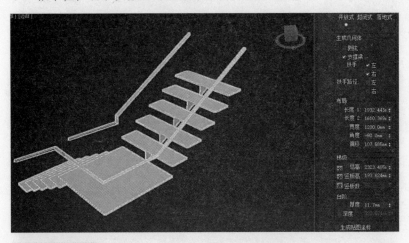

图6-67　L形楼梯

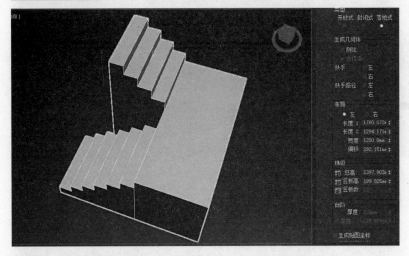

图6-68　U形楼梯

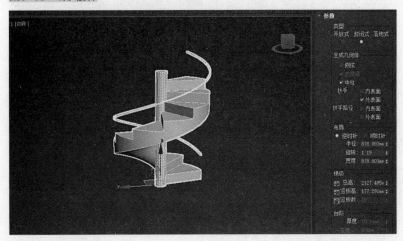

图6-69　螺旋楼梯

五、制作窗户

（1）进入顶视口，打开"捕捉"工具，单击鼠标右键取消勾选"捕捉到冻结对象"（图6-70）。

（2）选择顶部造型，单击鼠标右键，选择"隐藏选定对象"（图6-71）。

（3）使用"捕捉"工具创建平开窗，使其与窗框完全吻合（图6-72）。

（4）设置窗的参数，使其达到预期效果（图6-73）。

（5）选中窗户，单击鼠标右键选择"转换为：→转换为可编辑的多边形"（图6-74）。

（6）展开"可编辑多边形"卷展栏，选择"元素"层级，选中两边的玻璃部分，将其"分离"，并命名为"窗户玻璃"（图6-75）。

图6-70　捕捉设置

图6-71　选定隐藏

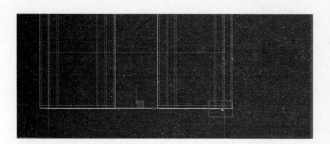

图6-72　创建平开窗

图6-73　设置参数

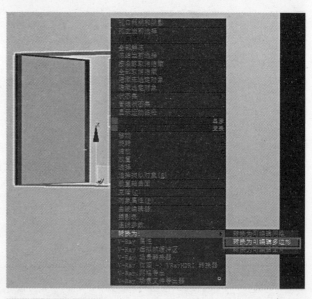

图6-74　转换编辑

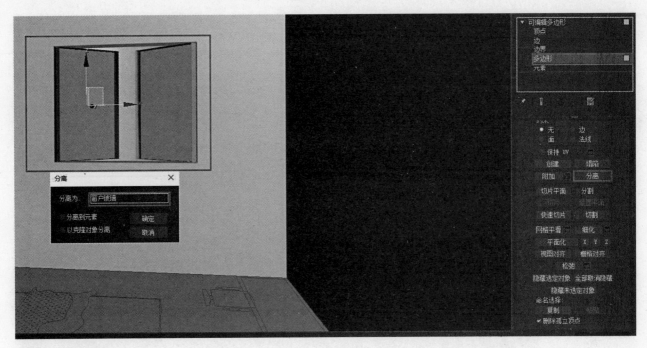

图6-75 分离命名

第二节 摄像机与合并场景

一、创建摄像机

（1）在创建面板中选择"标准"摄像机，在顶视口中创建一个"目标"摄像机（图6-76）。

（2）单击鼠标右键结束创建，单击摄像机中间的线，在前视口中将摄像机向上移动（图6-77）。

（3）单击摄像机，并进入修改面板，切换到透视口，按〈C〉键将透视口切换为摄像机视口，将摄像机的镜头选择"20mm"（图6-78）。

二、创建外景

（1）进入创建面板，选择创建"弧"，在顶视口进行创建（图6-79）。选中"弧"，右键将其转化为"可编辑样条线"（图6-80）。

（2）进入修改面板，进入"样条线"层级，单击"轮廓"，输入20（图6-81），再为其添加"挤出"修改器，挤出"数量"为2900.0mm（图6-82），并按"F3"键在摄像机视口中将其移到窗口位置。

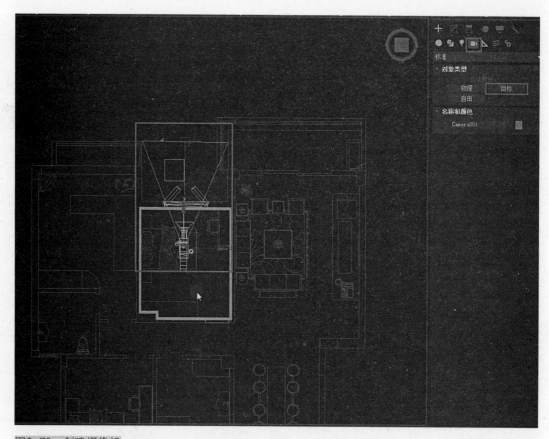

图6-76 创建摄像机

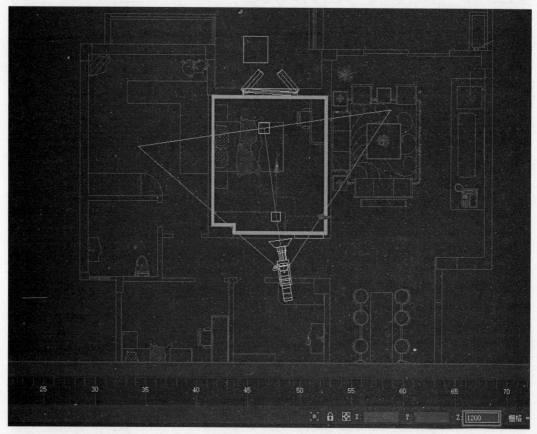

图6-77 移动摄像机

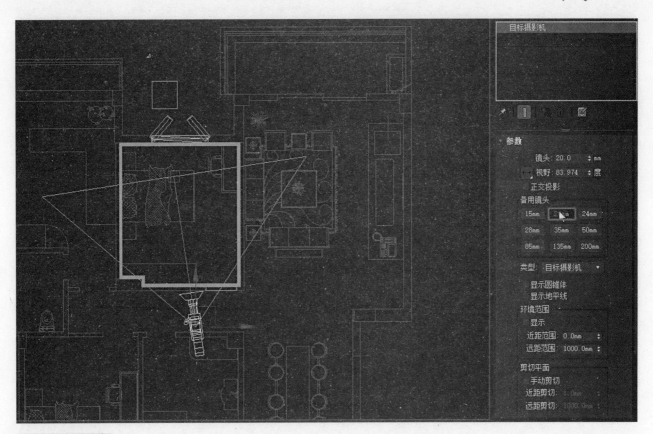

图6-78 选择镜头

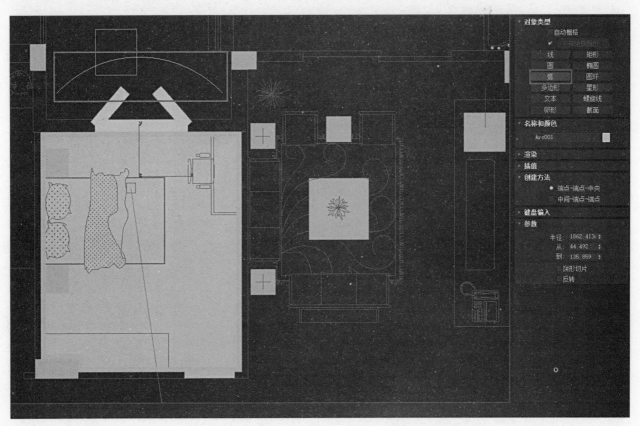

图6-79 创建弧形

- 补充要点 -

保存常规元素

　　如果经常制作家居装修效果图，可以将房间墙体、门窗、摄像机等元素制作完毕后单独保存下来，待日后直接打开，根据新的设计要求稍许修改即可继续使用。例如，墙体空间尺寸可设置为4200mm×3600mm，高度设置为2800mm，在任何一面墙上开设窗户，尺度为1800mm×1800mm，窗台高度为900mm，在窗户的对立墙面上开设门，尺寸为800mm×2000mm，同时制作门窗框、扇、玻璃，甚至可以给模型赋予固定的材质球。最后，设置一台摄像机，从任何角度观看房间均可，高度设为800~1200mm。一切准备就绪后，就可以根据新的设计要求进行修改了，制作家具装修效果图的速度就特别快。

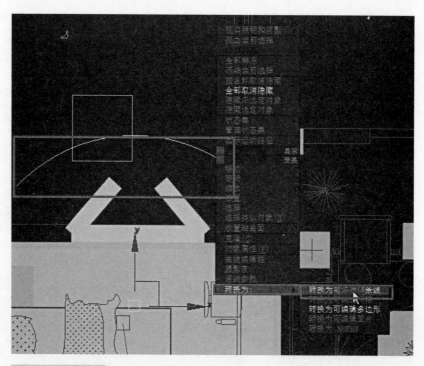

图6-80　转换编辑

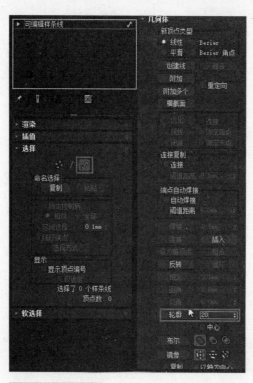

图6-81　编辑轮廓

图6-82　挤出参数

三、合并场景模型

合并能大幅度提高模型创建效率，前提是要预先收集大量模型。

（1）打开左上角的主菜单，单击"导入→合并"（图6-83）。

（2）在本书配套资料"模型\第6章\导入模型"中，先选择"窗帘"模型文件进行合并（图6-84）。

（3）选择"全部"，并取消勾选"灯光"与"摄像机"，单击"确定"按钮（图6-85）。

（4）由于此模型比较完美，不用调节大小与位置，所以合并下一模型时，可以按上述步骤将"电脑桌"模型合并进来（图6-86）。

（5）选择全部，同样也取消勾选"灯光"与"摄

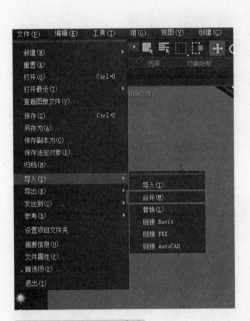

图6-83　菜单栏导入命令

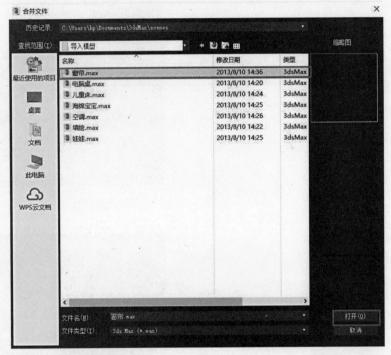

图6-84　选择合并模型

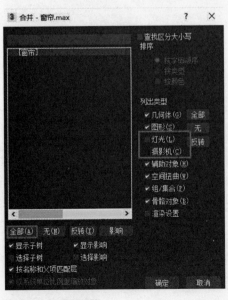

图6-85　取消效果

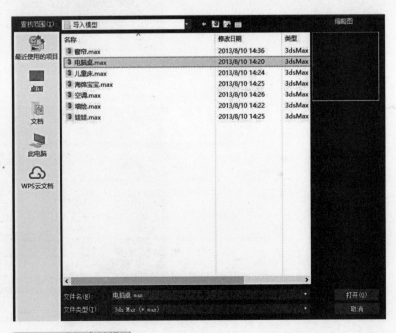

图6-86　选择合并模型

像机",单击"确定"按钮,这时会弹出"重复材质名称"对话框,勾选"应用于所有重复情况",并选择"自动重命名合并材质"(图6-87)。

(6)依次合并剩下的模型,将所有模型放好位置,即可看到导入后的效果(图6-88)。

(7)为了渲染出更好的效果,本场景使用了VRay材质与VRay灯光,为场景赋予VRay材质后的视口效果(图6-89)。

这是使用VRay渲染器渲染后的效果(图6-90),本书将从下一章开始将讲解VRay材质、VRay灯光与VRay渲染器。

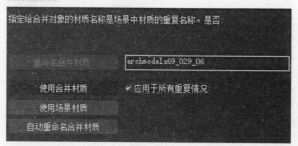

图6-87 合并材质

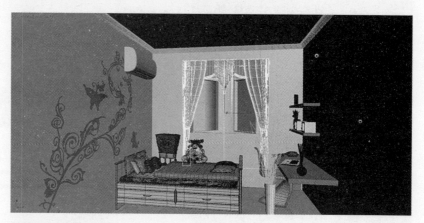

图6-88 模型摆放

图6-89 添加效果

图6-90 渲染后效果

本章小结

　　本章详细讲解了利用AutoCAD图形在3ds Max 2020中进行创建模型的方法，还有合并场景模型时的重点合并，并通过对本章内容的学习，读者可以创造多种效果图的制作要求。使用合并模型时也能使自己的作品更丰富，效果更多彩。

课后练习

1. 创建场景模型时导入AutoCAD图形的注意事项是什么？

2. 怎样对导入的AutoCAD图形进行修改、描绘？叙述设置常规元素的操作方法。

3. 在创建墙体、门窗和楼梯等元素制作时，三者有什么区别？

4. 运用场景模型绘制、合并内容，制作两种家居装修效果图。

第七章
VRay材质设置

PPT 课件

案例素材

操作教学视频

学习难度：★★★★☆
重点概念：材质、效果

◀ **章节导读**

　　在3ds Max 2020中，VRay是在装修效果图渲染必不可少的插件，本章主要介绍的版本为VRay Adv 3.60.03，它由专业渲染引擎公司Chaos Software开发完成，是拥有光线跟踪与全局照明技术的渲染器，用来代替3ds Max 2020中原有的线性扫描渲染器。VRay能更快捷、更交互、更可靠地满足行业需求，本章介绍VRay的19种常用材质与特殊材质的设置、调节方法。

第一节　VRay介绍

一、VRay安装

（1）用浏览器访问VRay官网（https://www.chaosgroup.com/cn），单击右上方，注册登录后，试用/购买，下载相应版本（图7-1）。

（2）安装VRay Adv 3.60.03，双击打开安装文件（图7-2）。

（3）勾选"我同意'许可协议'中的条款"，单击"我同意" [I Agree]按钮（图7-3）。

（4）软件会自动识别3DS Max 的安装路径，单击"安装" [Install Now]按钮（图7-4）。

（5）取消勾选"浏览支持文件"和"安装后打开更新文件"，然后单击"完成" [Finish]完成安装（图7-5）。

（6）软件安装结束后会自动打开"VRay 在线许可"的安装程序，单击"我同意" [I Agree]按钮（图7-6）。

（7）软件会自动创建许可证的安装路径，单击"安装" [Install Now]按钮（图7-7）。

（8）输入用户名和密码后，等待安装流程运行，

图7-1　下载VRay界面

vray_adv_36003_max2020_x64.exe

ZH_CN.exe

图7-2　安装文件

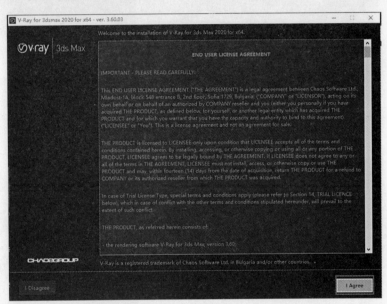

图7-3　同意许可协议

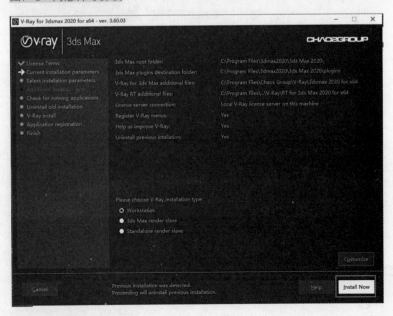

图7-4　安装

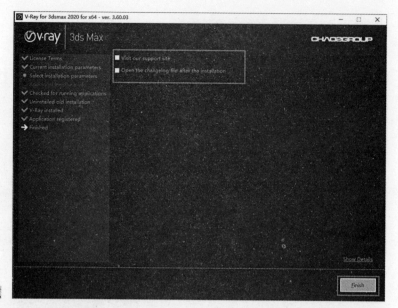

图7-5　取消选项完成

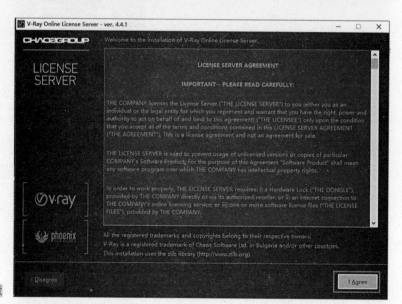

图7-6　在线许可同意

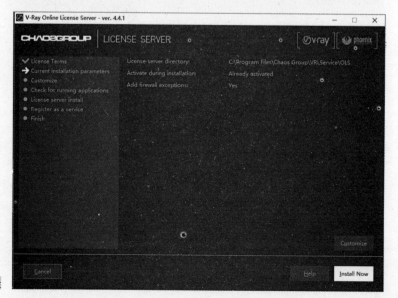

图7-7　安装路径

单击"完成"[Finish]完成安装（图7-8）

（9）打开00213，在菜单栏中选择"渲染→渲染设置"（图7-9）

（10）进入"渲染设置"面板，将右侧的滑块滑至最底层，展开"指定渲染器"卷展栏，单击"产品级"后面的"指定渲染器"按钮（图7-10）

（11）在"选择渲染器"窗口中会看到新增了两个00214渲染器，这里点选"VRay Adv 3.60.03"（图7-11）

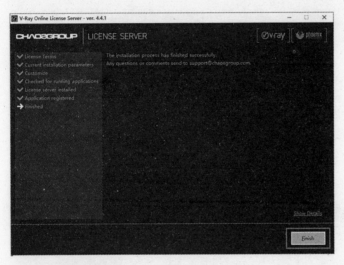

图7-8　填写流程安装

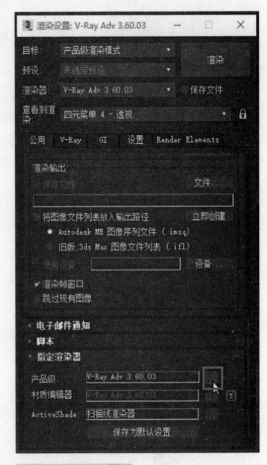

图7-10　渲染设置面板

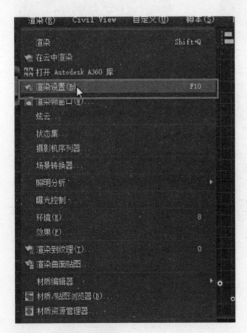

图7-9　菜单栏设置

图7-11　选择渲染器

图7-12　保存默认设置

（12）选择完毕之后，单击"保存为默认设置"按钮，这样下次启动3ds Max时，就会默认使用00214渲染器了（图7-12）

二、VRay界面介绍

1. 主界面

在渲染设置中单击VRay，打开了VRay渲染器的"渲染设置"面板，默认情况下里面总共有11项。

（1）第1项是"授权"卷展栏，用于显示该软件注册认证信息。

（2）第2项是"关于VRay"，用于显示介绍该渲染器的界面（图7-13）。

（3）第3项是"帧缓冲区"，勾选"启用内置帧缓冲区"，单击"渲染"按钮就可以使用"VRay帧缓冲"功能（图7-14）。

（4）第4项是"全局开关"卷展栏，可以控制整个模型场景的灯光、材质、渲染等重要选项的卷展栏（图7-15）。

（5）第5项是"图像采样（抗锯齿）"卷展栏，是控制图像的细腻程度与抗锯齿的卷展栏（图7-16）。

（6）第6项是"图像过滤"卷展栏，这一项主要是对场景进行抗锯齿处理（图7-17）。

（7）第7项是"渐进图像采样器"卷展栏（图7-18）。

图7-13　渲染器界面

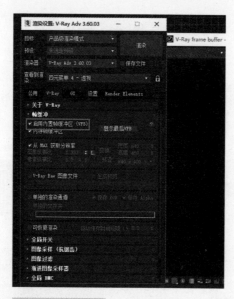

图7-14　帧缓冲区

图7-15　全局开关

图7-16　图像采样

图7-17　图像过滤

图7-18　渐进图像采样器

（8）第8项是"全局DMC"卷展栏，这一项主要是控制块的细分值，一般不更改（图7-19）。

（9）第9项是"环境"卷展栏，是设置场景周围环境的卷展栏，或是"全局照明环境（天光）覆盖"，或是"反射/折射环境覆盖"（图7-20）。

（10）第10项是"颜色贴图"卷展栏，是控制整体的亮度与对比度的卷展栏（图7-21）。

（11）第11项是"摄像机"卷展栏，是给VRay摄像机添加特效的卷展栏（图7-22）。

2. VRay GI

（1）"全局光照"卷展栏，是控制场景中光线进行光能传递方式的重要卷展栏，可以让场景达到真实的渲染效果，不同的处理引擎能达不同的效果，这里默认是"首次引擎—暴力计算"，"二次引擎—灯光缓存"，选择什么样的引擎，后面就会呈现相应的引擎名称的卷展栏。这里是默认的暴力计算和灯光缓存，

所以，下面也就会有相对应的卷展栏（图7-23）。这里需要指出的是，以往版本的软件中有的将"暴力计算"翻译成"BF算法"，这里指的是同一意思。

（2）"暴力计算"卷展栏，是控制场景整体光的细分与反射次数的卷展栏，是一种较为直接的算法，它会直接计算光子的路径，计算时间较长，且渲染图易出现杂点。（图7-24）。

（3）"灯光缓存"卷展栏，将二次引擎设置为"灯光缓存"时就会出现该卷展栏，该卷展栏能为场景灯光增加灯光缓冲区，让场景灯光可以保存并调节（图7-25）。

（4）"焦散"卷展栏，包括能让透明或半透明物体在强光照射下产生焦散效果的各种选项（图7-26）。

3. VRay 设置

（1）"默认置换"卷展栏，包括调节图像的细分与清晰程度的选项（图7-27）。

图7-19　全局DMC

图7-20　环境面板

图7-21　颜色贴图

图7-22　摄像机

图7-23　全局光照

图7-24　暴力计算

图7-25　灯光缓存

图7-26　焦散

图7-27　默认置换

图7-28 系统面板

图7-29 平铺贴图选项

图7-30 预览缓存

图7-31 IPR 设置

（2）"系统"卷展栏，包括设置各个渲染面板及细微渲染变化的选项（图7-28）。

（3）"平铺贴图选项"卷展栏，是控制贴图纹理缓存的选项（图7-29）。

（4）"预览缓存"卷展栏，是控制缓存网格的选项（图7-30）。

（5）"IPR 设置"卷展栏，是控制各个渲染图及采样变化的选项（图7-31）。

第二节　VRay常用材质

一、VRay常用材质介绍

（1）打开"材质编辑器"，新建第1个材质，在"Slate材质编辑器"中的"材质"卷展栏中找到"VRay"并展开，选择"VRayMtl"（图7-32）。

（2）创建场景，将材质赋予球体模型，在参数面板中，第1项为"漫反射"，单击颜色框会弹出"颜色"对话框，可以设置并改变物体的漫反射颜色，单击后面的小按钮可以继续为其添加贴图（图7-33）。

（3）粗糙度，能调节物体表面的粗糙程度，数值越高物体表面就越粗糙，最大为1，单击后面小按钮可以继续添加贴图。粗糙度的数值越大，对场景中光线的反射就越低，场景就越暗（图7-34）。

（4）"自发光"选项，可以直接为材质添加自发光性质，这样材质就发光啦！单击后面的小按钮可以为其添加贴图（图7-35）。

（5）"反射"选项，可以控制模型材质的反射效果，为其选择颜色，当颜色为黑白时，调节参数只会影响其反射程度，当颜色为彩色时，不仅会影响反射程度，还会影响物体表面颜色。修改颜色可以选择

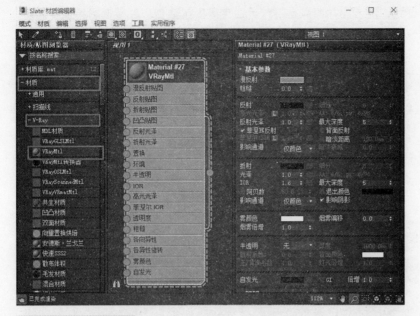

图7-32　材质编辑面板

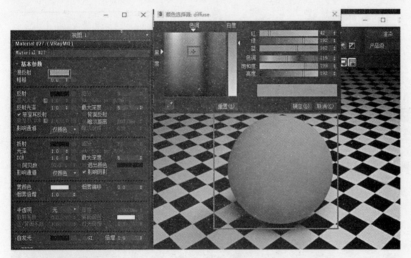

图7-33　添加模型

图7-34　粗糙度

补色，两者的共同点是越接近白色反射越强烈，越接近黑色反射越弱，单击"反射"后面的小按钮可以为其添加贴图（图7-36）。

（6）"高光光泽"可以调节物体的高光大小，单击后面的小按钮可以为其添加贴图，单击后面的"L"按钮是锁定的意思，调节数值就可改变其高光大小，默认值为1，数值越小高光就越大，物体表面就越模糊，为0.5时的效果（图7-37）。

（7）"菲涅耳反射"是模拟光的反射的过程，当视角越靠近物体表面，与物体表面夹角越小时，反光越强，菲涅耳反射能更精准的模拟物

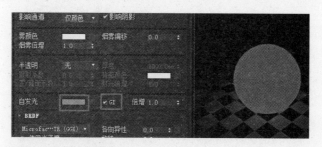

图7-35　自发光选项

图7-36　反射选项

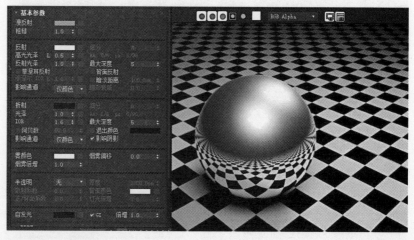

图7-37　高光光泽

体的反光，打上钩会稍微影响渲染速度（图7-38）。

（8）"反射光泽"能决定物体表面的光滑程度，这个数值越小物体表面就越粗糙，当这个数值降低时相应的下面的细分值也就要提高，单击后面小按钮可以为其添加贴图，这是将"反射光泽"设置为0.9（图7-39）。

（9）"折射"选项，可以让物体产生透明的效果，可做出玻璃或水的效果，将折射调整为灰白色的效果（图7-40）。也可以为"折射"选择颜色，还可以添加贴图。折射率，此项为固定的物理属性，玻璃的折射率约为1.6，水的折射率约为1.33，可以添加贴图。

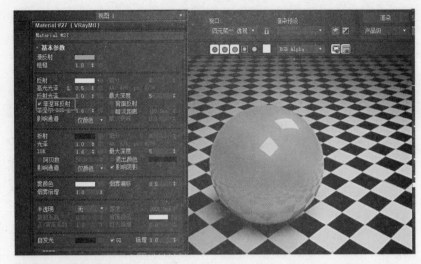

图7-38　菲涅耳反射

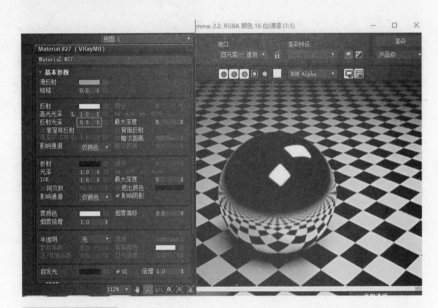

图7-39　反射光泽

图7-40　折射选项

（10）"光泽"会使透明物体内部形成浑浊的效果，变得不那么通透，可产生磨砂玻璃效果，可以添加贴图。将"光泽"设置为0.7（图7-41）。

（11）"烟雾颜色"能为透明物体添加颜色，不过这个参数相当敏感，必须将所选的颜色调整到接近白色的颜色位置，不然物体会变成黑色，若颜色太深，可以添加贴图。还可以调节下面的"烟雾倍增"，将倍增值降低。这是将上述"漫反射"颜色设置为黑色，将"反射"颜色设置为白色，这是给予一定烟雾颜色并调整参数后的渲染效果（图7-42）。

（12）"影响阴影"勾选后，物体的阴影就会形成半透明的阴影效

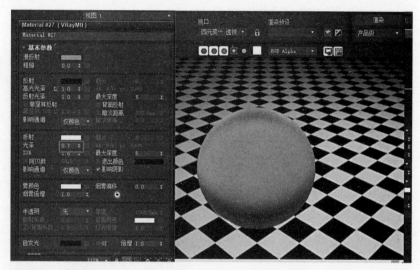

图7-41　光泽设置

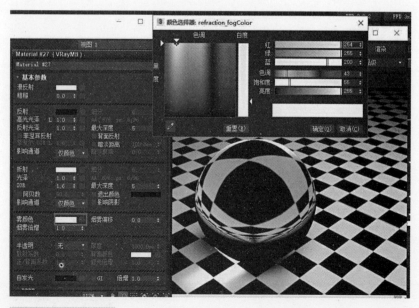

图7-42　烟雾色设置

果（图7-43）。

（13）展开"贴图"卷展栏，里面有各种性质的贴图，添加不同的贴图会产生不同的效果，最常用的是"漫反射"与"凹凸"贴图（图7-44）。

（14）更多参数设置表现比较细微，或用于角色动画，或用于特定效果。而在效果图制作中一般保持默认，这里就不再详细介绍了。

二、VRay常用材质

1. 高光/亚光木材与麻面木材

（1）打开本书配套资料中的"模型\第7章\场景

01.max"，打开"材质编辑器"，再展开"材质"卷展栏，在"VRay"子卷展栏中双击"VRayMtl"材质（图7-45）。

（2）在"视图1"窗口中双击材质就会出现该材质的参数面板，将其取名为"高光木材"，单击"漫反射"颜色后小按钮，打开浏览器，双击选择一张木材贴图，然后将其赋予地面，并单击"视口中显示明暗处理材质"按钮（图7-46）。

（3）为地面添加"UVW贴图"修改器，在"参数"卷展栏中，将"贴图"选项设置为"平面"，将"长度"与"宽度"均设置为100.0mm。回到"材质编辑器"中，单击"反射"后的颜色框，将亮度设置

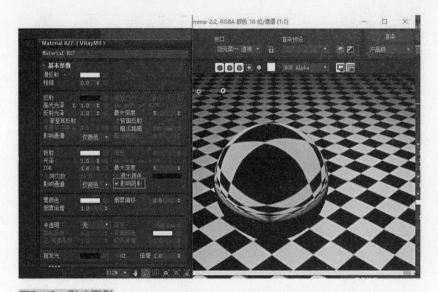

图7-43 影响阴影

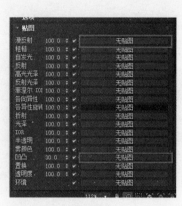

图7-44 贴图选项

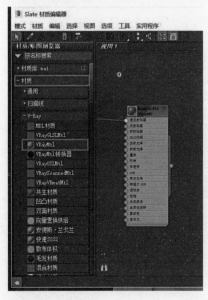

图7-45 材质选项

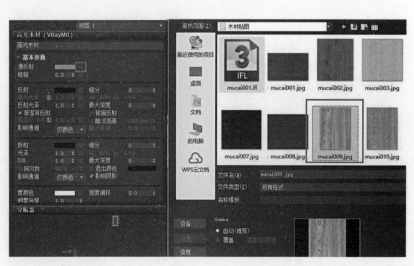

图7-46 材质参数

为40，并将"高光光泽"的L关闭，将其设置为0.8，关闭菲涅耳反射（图7-47）。

（4）将材质赋予其他3个物体。经过场景渲染后呈现的效果如图7-48所示。

（5）在"材质贴图浏览器"中展开"场景材质"卷展栏，将"高光木材"的材质球拖到下面的材质球上，在弹出的对话框中选择"副本"（图7-49）。

（6）双击该材质球，在参数面板中将其命名为"亚光木材"，将"反射光泽"设置为0.8，"细分"设置为12（图7-50）。

（7）高光木材与亚光木材的主要区别在于反射参数、高光光泽，细分，亚光木材的细分要求会相对高

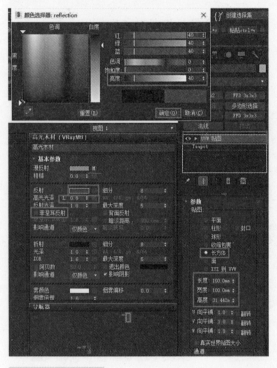

图7-47　添加贴图

图7-48　渲染后效果

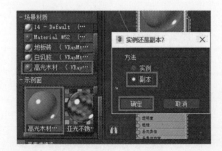

图7-49　场景材质

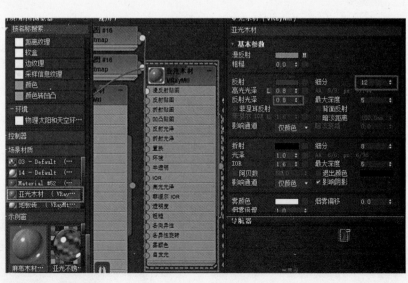

图7-50　材质设置

一些，把"亚光木材"的材质分配给几何体球，渲染后的效果如图7-51所示。

（8）将亚光木材放到材质库中，再把材质库中"亚光木材"从材质库中拖出，创建副本为"麻布木材"。

（9）在亚光木材的基础上，直接将漫反射的贴图复制到凹凸贴图上，并将凹凸值设置为30（图7-52）。

（10）将麻布木材赋予壶体。从渲染后的效果我们可以看到，壶的表面上出现了凹凸起伏的纹理，这和我们在材料市场看到的纹理地板是一样的效果（图7-53）。这里需要指出的是，在VRay3.6中，如果不能修改材质细分，请在VRay设置/全局DMC中勾选"使用局部细分"，这样就可以调整材质的细分值了。

图7-51　渲染后效果

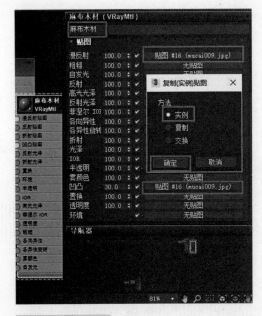

图7-52　贴图设置

图7-53　渲染后的效果

2. 高光不锈钢与亚光不锈钢

（1）展开"材质"卷展栏，双击"VRayMtl"材质，在"视图1"窗口中选择前面制作的材质，单击上面工具窗口中的"删除选定对象"按钮（图7-54）。

（2）在"视图1"窗口中双击材质就会出现该材质的参数面板，取名为"高光不锈钢"，将"漫反射"颜色设置为黑色，将"反射"颜色设置为白色并关闭菲涅耳反射（图7-55）。

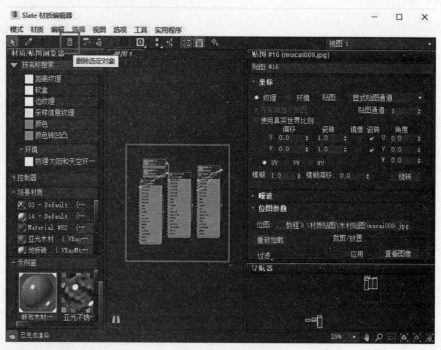

图7-54　删除材质

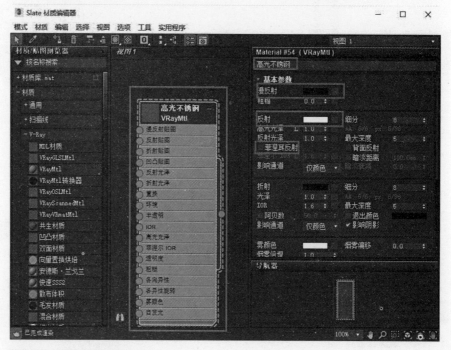

图7-55　材质参数设置

（3）将该材质赋予茶壶，渲染后的效果如图7-56所示。

（4）将高光不锈钢材质球拖到一个新的材质球上，选择"副本"，在参数面板中将其命名为"亚光不锈钢"，将其"反射"颜色设置为210，"反射光泽"设置为0.8，"细分"设置为12（图7-57）。

图7-56　茶壶渲染后效果

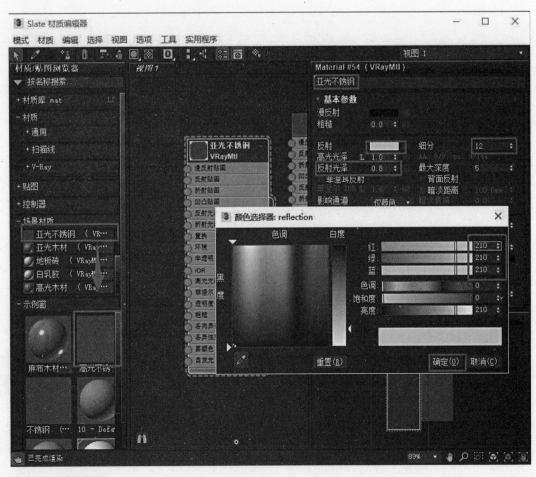

图7-57　材质设置

图7-58　圆环渲染效果

（5）将其赋予圆环后的渲染效果如图7-58所示。

3. 金、银、铜金属材质

（1）在"视图1"窗口中双击VRayMtl材质，在弹出的材质参数面板中，取名为"黄金"，将"漫反射"颜色设置为金色"红220，绿54，蓝3"，将"反射"颜色设置为金色"红222，绿100，蓝12"，"高光光泽"和"反射光泽"设置为0.65，细分设置为25，关闭菲涅耳反射（图7-59）。

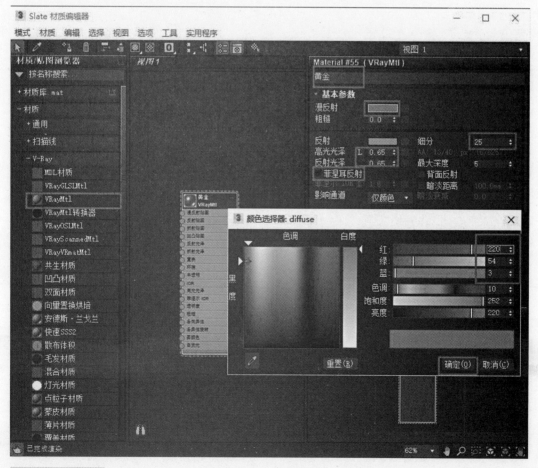

图7-59　材质设置

（2）将该材质赋予球体，渲染后的效果如图7-60所示。

（3）将黄金材质球拖到一个新的材质球上，选择"副本"，在参数面板中将其命名为"银"，将"漫反射"颜色设置为银色"红242，绿242，蓝242"，将"反射"颜色设置为银色"红129，绿129，蓝129"，"高光光泽"和"反射光泽"设置为0.7和0.86，细分设置为53，关闭菲涅耳反射（图7-61）。

图7-60　茶壶渲染后效果

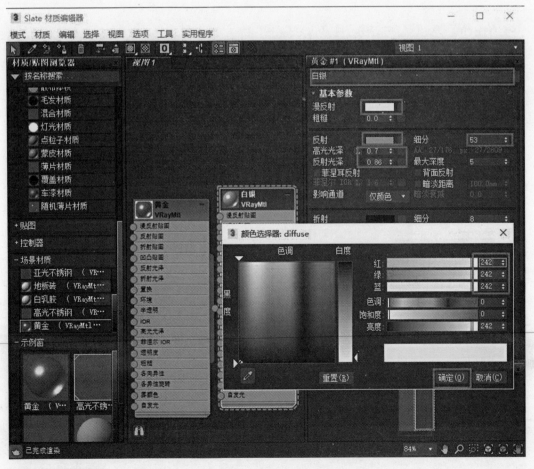

图7-61　材质设置

图7-62　圆环渲染后效果

（4）将其赋予圆环后的渲染效果如图7-62所示。

（5）将银材质球拖到一个新的材质球上，选择"副本"，在参数面板中将其命名为"铜"，将"漫反射"颜色设置为红铜色"红167，绿42，蓝3"，将"反射"颜色设置为红铜色"红164，绿64，蓝12"，"高光光泽"和"反射光泽"设置为0.5，细分设置为35，关闭菲涅耳反射（图7-63）。

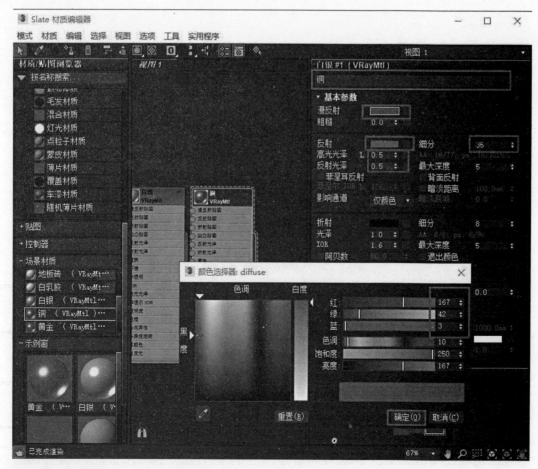

图7-63　材质设置

（6）将其赋予壶体后的渲
染效果如图7-64所示。

4. 陶瓷

（1）展开"材质"卷展栏，
双击"VRayMtl"材质，在"视
图1"窗口中双击"材质"就会
出现该材质的参数面板，取名为
"白陶瓷"，将"漫反射"颜色设
置为白色，然后将"反射"颜色
设置为白色，勾选"菲涅耳反
射"（图7-65）。

（2）将材质赋予茶壶。渲
染后的效果如图7-66所示。

图7-64　壶体渲染效果

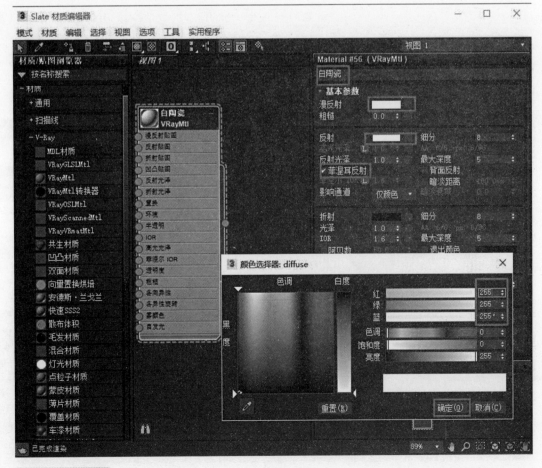

图7-65　材质设置

材质参数设置

　　石材、陶瓷等光亮的材质不宜在效果图中出现太多，否则会显得图面效果很单薄，如果要表现厨房、卫生间、大堂，可以适当降低"高光光泽"与"反射光泽"的参数数值。并不要求效果图中所有的材质都与本书中所标注的材质参数相同，应根据实际情况取舍。

图7-66　茶壶渲染后效果

5. 亚光石材与青石板

　　（1）展开"材质"卷展栏，双击"VRayMtl"材质，在"视图1"窗口中双击"材质"，就会出现该材质的参数面板，取名为"亚光石材"，并将一张石材贴图拖到"漫反射"贴图位置，将"反射"颜色全部设置为20，"高光光泽"设置为0.5，"反射光泽"设置为0.8，关闭菲涅耳反射（图7-67）。

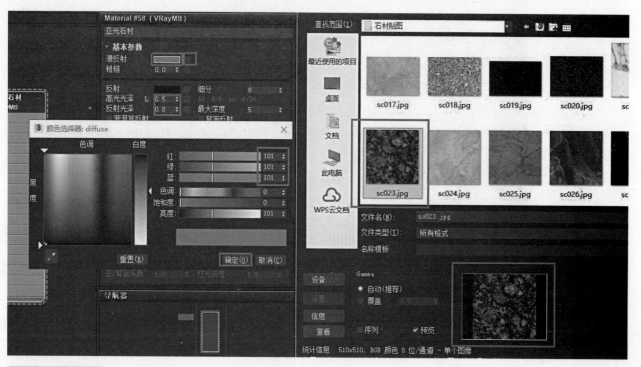

图7-67　材质设置

（2）将材质赋予球体并进行渲染（图7-68）。

（3）将"亚光石材"材质拖到一个新的材质球上，选择"副本"，在"视图1"中选择该材质，将其与"漫反射贴图""凹凸贴图"相连接，在"贴图"卷展栏中将"凹凸"值设置为100.0（图7-69）。

图7-68 球体渲染效果

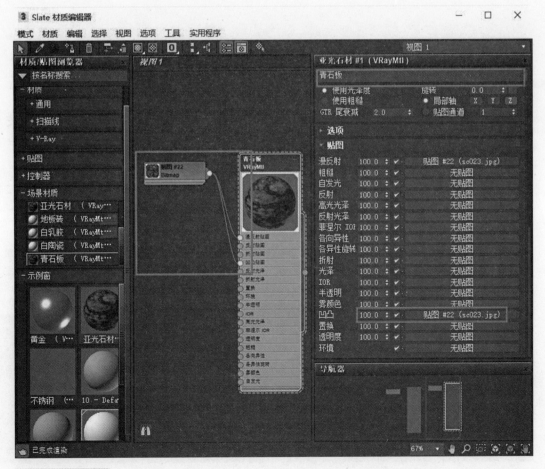

图7-69 材质设置

3 Camera002, 帧 0, 显示 Gamma: 2.2, RGBA 颜色 16 位/通道 (1:1)

图7-70　圆环渲染效果

（4）将材质赋予圆环并进行渲染（图7-70）。

6. 大理石与地板砖

（1）展开"材质"卷展栏，双击"VRayMtl"材质，在"视图1"窗口中双击"材质"，就会在右侧出现该材质的参数面板，将其取名为"大理石"，单击"基本参数"的"漫反射"颜色后的小按钮，打开浏览器，双击选择一张石材贴图，将"反射"颜色设置为白色，勾选"菲涅耳反射"，并将"高光光泽"设置为0.8，"反射光泽"设置为0.98（图7-71）。

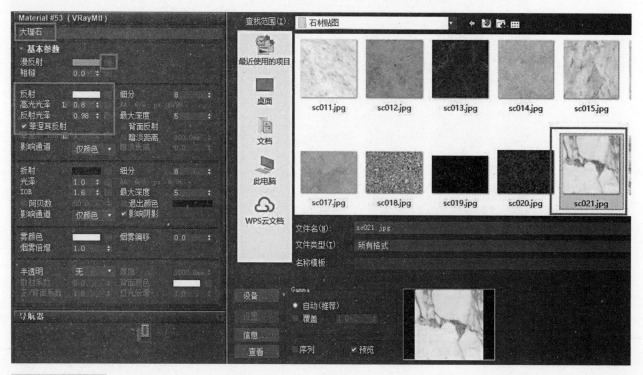

图7-71　材质设置

（2）将材质赋予球体。渲染后效果如图7-72所示。

（3）展开"材质"卷展栏，双击"VRayMtl"材质，在"视图1"窗口中双击"材质"，就会在右侧出现该材质的参数面板，将其取名为"地板砖"，单击"漫反射"颜色后的小按钮，在弹出的菜单中点击选择"贴图"中的"平铺"，将这个材质赋予地面，并单击"视口中显示明暗处理材质"按钮（图7-73）。

图7-72　球体渲染后效果

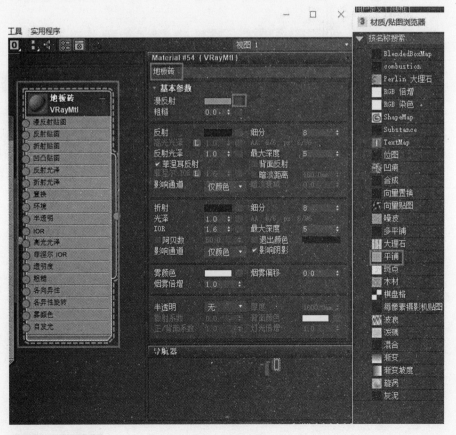

图7-73　材质选项

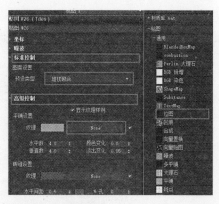

图7-74 平铺设置

（4）进入"平铺"设置面板，在"标准控制"卷展栏中将"预设类型"选择为"堆栈砌合"，展开下面的"高级控制"卷展栏，单击"纹理"后的"None"按钮，选择"位图"（图7-74）。

（5）在弹出的窗口中选择一张石材贴图，单击"打开"按钮（图7-75）。

（6）将"水平数"与"垂直数"都设置为1，再将砖缝的"水平间距"与"垂直间距"都设置为0.1（图7-76）。

（7）在"视图1"面板中双击"地板砖"材质，进入参数面板，将"反射颜色"设置为白色，勾选"菲涅耳反射"，并将"高光光泽"设置为0.8，"反射光泽"设置为0.98（图7-77）。

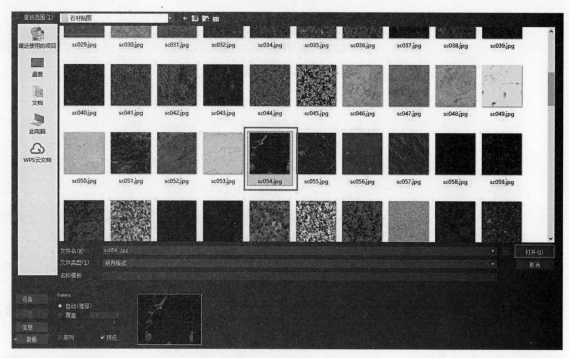

图7-75 选择贴图

图7-76 平铺设置

图7-77 材质设置

（8）渲染后的场景效果如图7-78所示。

7. 木地板

（1）展开"材质"卷展栏，双击"VRayMtl"材质，在"视图1"窗口中双击"材质"，就会出现该材质的参数面板，取名为"木地板"，在"漫反射"贴图小按钮上单击选择"贴图"，在贴图中选择"平铺"，将材质赋予地面，并单击"视口中显示明暗处理材质"按钮（图7-79）。

（2）在"视图1"中双击"平铺贴图"窗口，在参数面板中将标准控制中的"预设类型"选择为"连续砌合"，进入下面的"高级控制"，单击"纹理"后面的"None"按钮，选择"位图"（图7-80）。

图7-78 渲染后效果

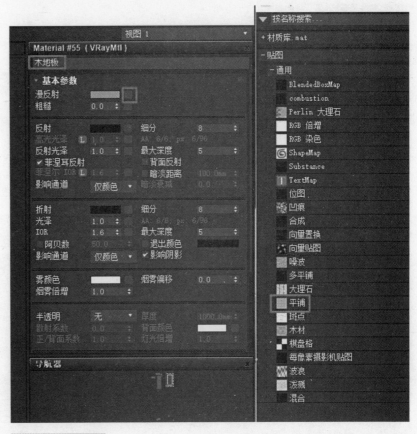

图7-79 材质选项

（3）选择一张木材贴图，并将"水平数"设置为1，"垂直数"设置为8.0，将"砖缝设置"纹理颜色设置为深红色，砖缝的"水平间距"与"垂直间距"均设置为0.2（图7-81）。

（4）双击"视图1"中的木地板面板，将"反射颜色"设置为70，"反射光泽"设置为0.9，"细分"值设置为13（图7-82）。

（5）进入"贴图"卷展栏，将"漫反射"的贴

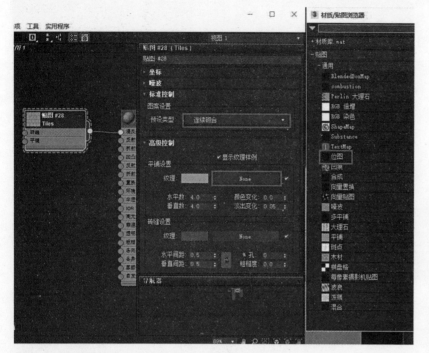

图7-80 平铺设置

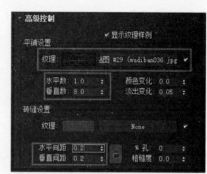

图7-81 贴图设置

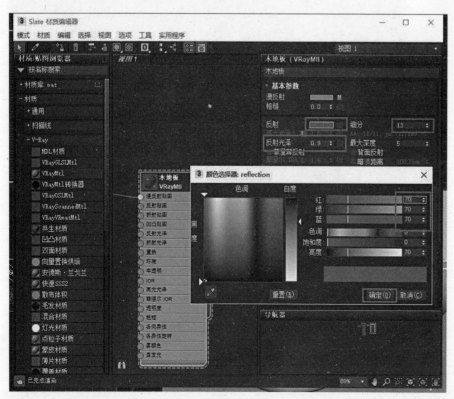

图7-82 材质设置

图拖到"凹凸"的贴图位置，并选择"复制"（图7-83）。

（6）单击"复制"进入凹凸贴图，将"平铺设置"中的贴图清除，将"纹理"颜色设置为白色，将"砖缝纹理"的"纹理"颜色设置为黑色（图7-84）。

（7）渲染场景。渲染后的场景效果如图7-85所示。

8. 玻璃与磨砂玻璃

（1）展开"材质"卷展栏，双击"VRayMtl"材质，在"视图1"窗口中双击"材质"，就会出现该材质的参数面板，取名为"玻璃"，调整材质参数，将"漫反射"颜色设置为黑色，将"反射"颜色设置为白色，勾选"菲涅耳反射"，将"折射"颜色也设置为白色，勾选"影响阴影"（图7-86）。

（2）将材质赋予球体，渲染后的场景效果如图7-87所示。

（3）展开"场景材质"卷展栏，将"玻璃"材质向下拖到一个新

图7-83 复制贴图

图7-84 贴图设置

图7-85 渲染后效果

图7-86 材质设置

图7-87 球体渲染效果

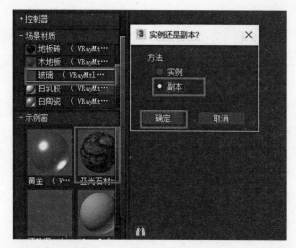

图7-88　材质复制

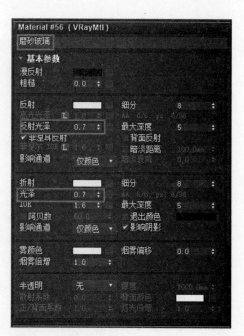

图7-89　材质设置

材质球上，选择"副本"（图7-88）。

（4）双击该材质球，再双击"视图1"中弹出的新的"玻璃"材质，在参数面板中改名为"磨砂玻璃"，将"反射光泽"设置为0.7，"折射光泽度"也设置为0.7（图7-89）。

（5）将其赋予圆环，渲染后的场景效果如图7-90所示。

图7-90　圆环渲染效果

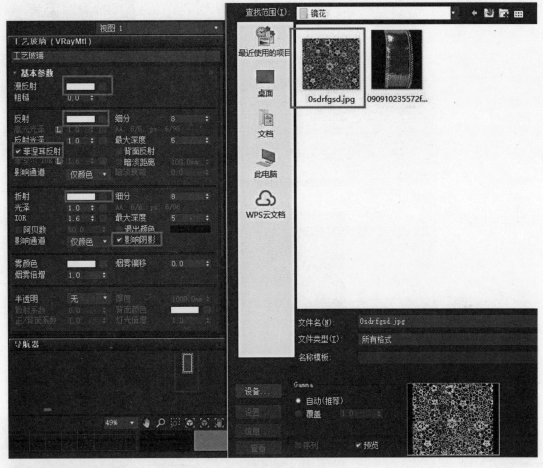

图7-91 材质贴图设置

9. 工艺玻璃与彩绘玻璃

（1）展开"材质"卷展栏，双击"VRayMtl"材质，在"视图1"窗口中双击"材质"，就会出现该材质的参数面板，取名为"工艺玻璃"，调整材质参数，将"漫反射"颜色设置为白色，将"反射"颜色设置为白色，勾选"菲涅耳反射"，将"折射"颜色也设置为白色，并在"折射贴图"位置拖入一张纹理丰富的黑白图片，勾选"影响阴影"（图7-91）。

（2）将材质赋予球体，渲染后的场景效果如图7-92所示。

图7-92 球体渲染效果

（3）展开"材质"卷展栏，双击"VRayMtl"材质，在"视图1"窗口中双击"材质"，就会出现该材质的参数面板，取名为"彩绘玻璃"，在"漫反射贴图"位置拖入一张色彩丰富的图片（图7-93）。具体选用哪一张图片并没有明确要求，可以尝试不同贴图带来的不同效果。

（4）将"反射"颜色设置为白色，勾选"菲涅耳反射"，将"折射"颜色也设置为白色，并在"折射贴图"位置拖入另一张内容相同的黑白图片，将"光泽"设置为0.9，并勾选"影响阴影"（图7-94）。

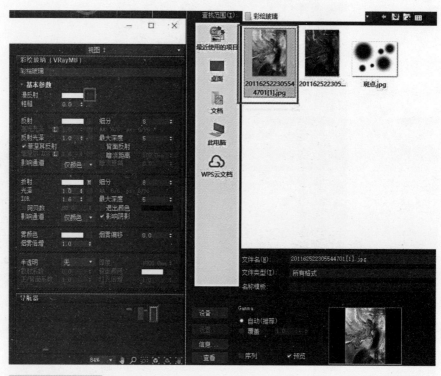

图7-93　选择材质

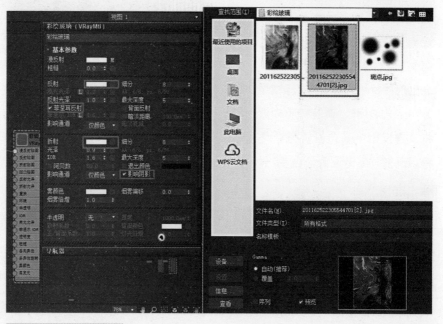

图7-94　材质贴图设置

（5）展开"贴图"卷展栏，将"折射贴图"复制到"凹凸"贴图的位置，并将"凹凸"值设置为80（图7-95）。

（6）将材质赋予圆环，渲染场景后的效果如图7-96所示。

10. 墙纸材质

（1）打开本书配套资料中的"模型\第7章\场景02"，展开"材质"卷展栏，双击"VRayMtl"材质，在"视图1"窗口中双击"材质"，就会出现该材质的参数面板，取名为"墙纸"，在"漫反射"贴图位置上拖入一张墙纸贴图（图7-97）。

图7-95 贴图设置

图7-96 圆环渲染效果

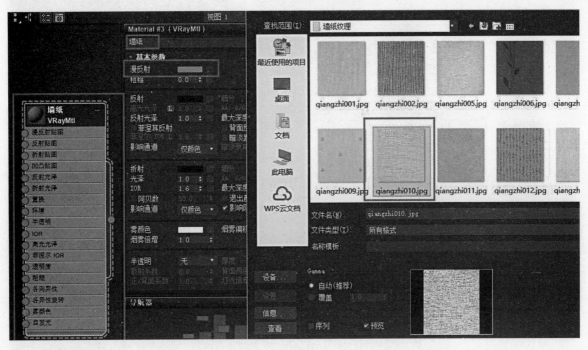

图7-97 选择材质

（2）在"选项"中将"贴图#21"中的"漫反射贴图"复制到"凹凸贴图"上（图7-98）。

（3）将材质赋予墙体，进行渲染，渲染后的场景效果如图7-99所示。

11. 普通布料

（1）打开本书配套资料中的"模型\第7章\场景02"，展开"材质"卷展栏，双击"VRayMtl"材质，在"视图1"窗口中双击"材质"，就会出现该材质的参数面板，取名为"布料"，在"漫反射"贴图位置上拖入一张布料贴图（图7-100）。

图7-98 复制贴图   图7-99 墙体渲染效果

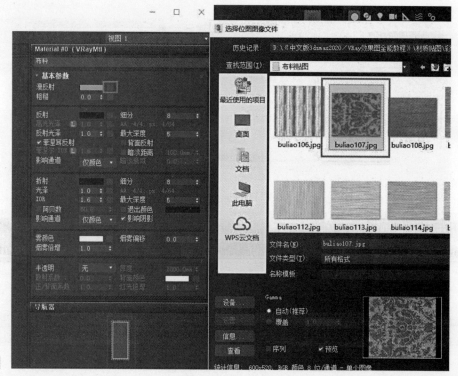

图7-100 选择材质

（2）在"视图1"中将"贴图#13"与"漫反射贴图""凹凸贴图"连接起来（图7-101）。

（3）将材质赋予抱枕模型，进行渲染，渲染后的场景效果如图7-102所示。

12. 绒布

（1）展开"材质"卷展栏，双击"VRayMtl"材质，在"视图1"窗口中双击"材质"，就会在右侧出现该材质的各种参数卷展栏，将该材质属名为"绒布"，单击"漫反射"贴图，在"标准贴图"中选择"衰减"（图7-103）。

图7-101 连接贴图

图7-102 渲染后效果

图7-103 材质设置

（2）单击贴图进入参数设置面板，将"衰减"卷展栏中"前：侧"选项的第1个颜色设置为棕红色，第2个颜色设置为灰红色，具体参数可以根据需要输入（图7-104）。

（3）选择抱枕，进入修改面板，选择"FFD（长方体）4×4×4"层级，在这层级上添加1个"VRayDisplacementMod（置换模式）"修改器（图7-105）。

（4）在下面的参数面板中，单击"纹理贴图"后面的"无"按钮，在"材质/贴图浏览器"中选择"位图"（图7-106）。

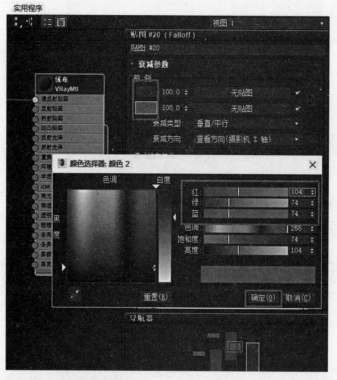

图7-104　贴图参数设置

图7-105　添加修改器

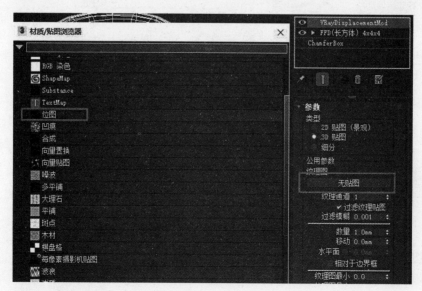

图7-106　贴图纹理

（5）在"公用参数"的"纹理贴图"中选择"毛毯（黑白）.jpg"（图7-107）。

（6）将"纹理贴图"拖到材质编辑器的"视图1"面板中，选择"实例"，并双击打开，在参数面板中将"瓷砖"的"U""V"值均设置为5（图7-108）。

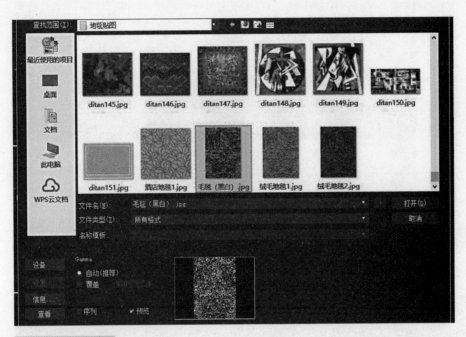

图7-107　选择贴图

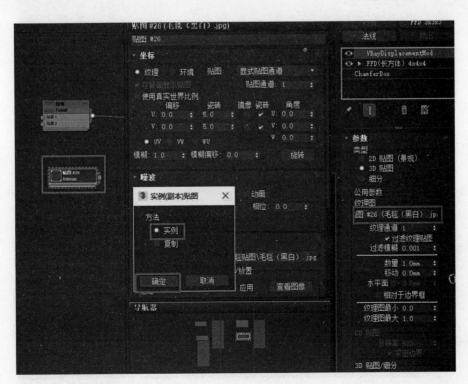

图7-108　贴图设置

（7）在修改面板的参数设置中，将"公用参数"的"数量"设置为1.5mm（图7-109）。

（8）此绒布材质赋予抱枕后进行渲染，渲染后的效果如图7-110所示。

13. 地毯

（1）在该场景地面上创建一个平面，并旋转到合适的位置，进入修改面板，为该平面添加"VRayDisplacementMod（置换模式）"修改器（图7-111）。

图7-109　修改参数　　　　图7-110　渲染后效果

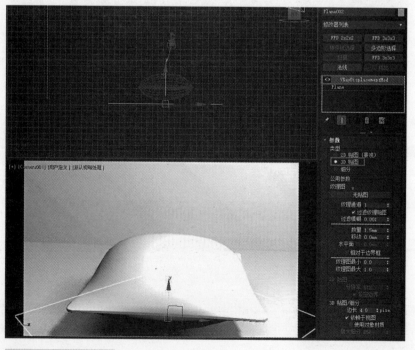

图7-111　添加修改器

（2）进入之后选择"3D贴图"，并在"纹理贴图"位置拖入上一小节的"毛毯（黑白）. jpg"，将下面的"数量"设置为4（图7-112）。

（3）展开"材质"卷展栏，双击"VRayMtl"材质，在"视图1"窗口中双击"材质"就会出现该材质的参数面板，取名为"地毯"，在"漫反射贴图"位置拖入一张地毯的贴图，并单击"视口中显示明暗贴图"按钮（图7-113）。

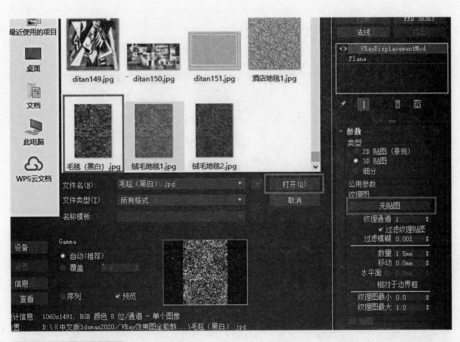

图7-112　选择3D贴图

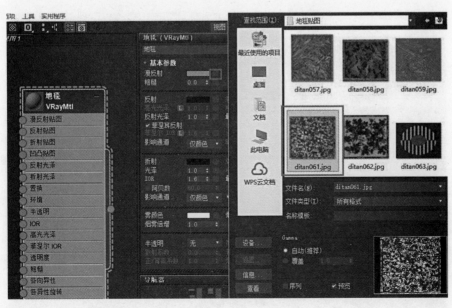

图7-113　选择贴图

（4）将"纹理贴图"拖到材质编辑器的"视图1"面板中，选择"实例"，并双击"打开"按钮，在"坐标"卷展栏中，将"瓷砖"下的"U""V"值均设置为7（图7-114）。

（5）将材质赋予地毯进行渲染，渲染后的场景效果如图7-115所示。

14. 皮革

（1）在展开"材质"卷展栏，双击"VRayMtl"材质，在"视图1"窗口中双击"材质"，就会出现该材质的参数面板，取名为"皮革"，在"漫反射"位置拖入一张皮革的贴图，并单击"视口中显示明暗贴图"按钮（图7-116）。

（2）将"反射"颜色设置为50左右，"高光光泽"设置为0.6，"反光光泽度"设置为0.8，"细分"设置为12（图7-117）。

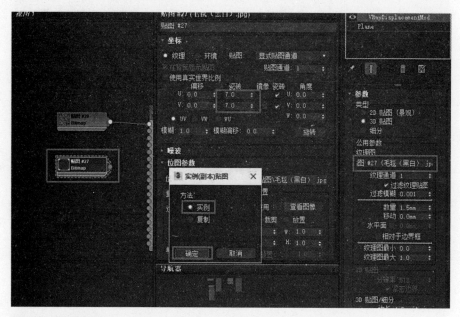

图7-114　贴图设置

图7-115　毛毯渲染效果

（3）进入"贴图"卷展栏，将"漫反射"贴图复制到"凹凸"贴图的位置，并选择"实例"的方式，将"凹凸"值设为80（图7-118）。

（4）选择抱枕，在修改面板中选择"VRayDisplacementMod（置换模式）"并单击下面的"从堆栈中移除修改器"按钮（图7-119）。

（5）将该材质赋予抱枕进行渲染，渲染后的效果如图7-120所示。

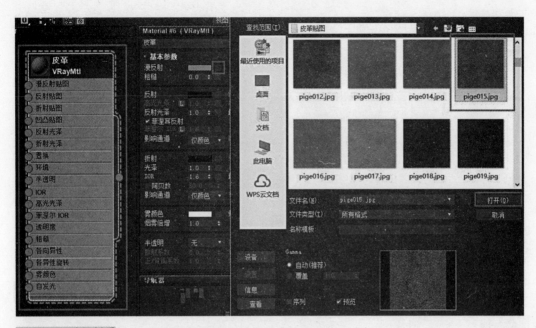

图7-116　选择材质

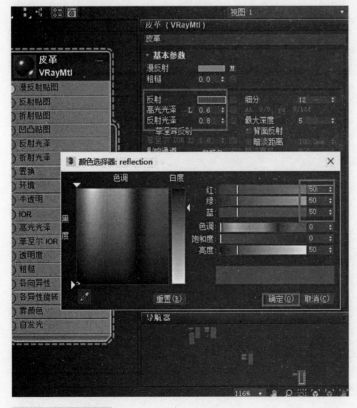

图7-117　反射设置

图7-118　复制贴图

图7-119　移除修改器

透明材质的表现

透明材质的表现重点在于"反射"与"折射"选项中的各种参数。在现实生活中没有完全透明的材质，因此，"反射"颜色不宜选择纯白，应带有一定灰色，偏色也不宜选用纯度很高的颜色，注意应勾选"菲涅耳反射"。"折射"颜色一般与"反射"颜色相同或接近，注意应勾选"影响阴影"。

透明材质的表现还在于模型，模型应具有一定厚度，过于单薄的模型则不应设置为完全透明的效果。在效果图中经常出现的透明材质为玻璃、水、薄纱窗帘、塑料包装等材料，应仔细观察这些材料在生活中的差异，将比较结论用于参数设定，这样就能建立起属于自己的材质观念。

图7-120　抱枕渲染后效果

15. 水

（1）打开配套文件中"模型\第7章\场景03"，打开"材质编辑器"，展开"材质"卷展栏，双击"VRayMtl"材质，在"视图1"窗口中双击"材质"，就会出现该材质的参数面板，取名为"水"，将"漫反射"颜色设置为浅蓝色，将"反射"颜色设置为接近白色的灰色，勾选"菲涅耳反射"（图7-121）。

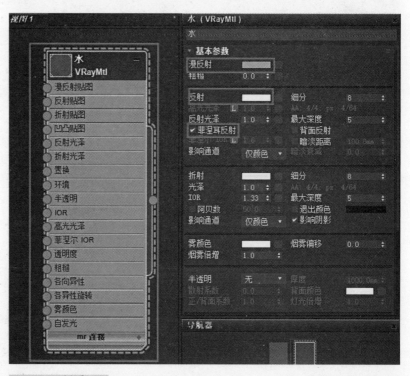

图7-121　材质设置

（2）将"折射"颜色也设置为接近白色的灰色，并将"折射率（IOR）"设置为1.33，并勾选"影响阴影"（图7-122）。

（3）将材质赋予浴缸里面的水进行渲染，渲染后的效果如图7-123所示。

16．纱窗

（1）打开配套文件中"模型\第7章\场景04"，打开"材质编辑器"，展开"材质"卷展栏，双击"VRayMtl"材质，在"视图1"窗口中双击"材质"，就会出现该材质的参数面板，取名为"纱窗"，将"漫反射"颜色设置为白色，将"折射"颜色设置为深灰色，其颜色值均设置为30左右，"折射光泽度"设置为0.7（图7-124）。

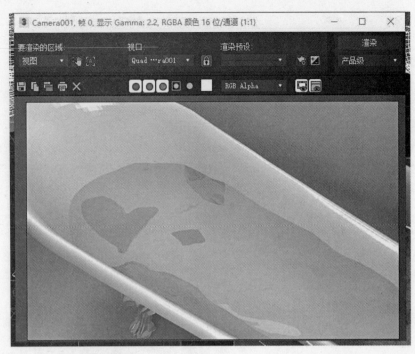

图7-123　水渲染效果

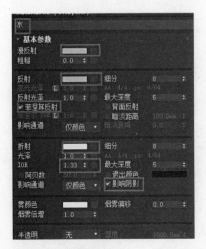

图7-122　折射设置

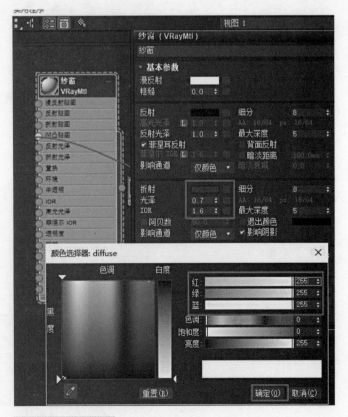

图7-124　材质设置

（2）在"纱窗（VRayMtl）"中将"贴图"里的"凹凸"，给予"通用"中的"位图"在图像选择框中，选择一张粗糙的墙纸纹理，单击"打开"按钮（图7-125）。

（3）将材质赋予场景中的纱窗进行渲染，渲染场景后的效果如图7-126所示。

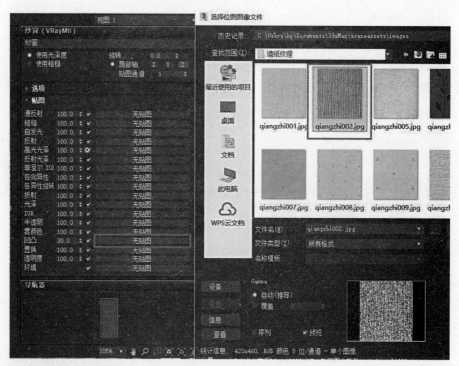

图7-125　选择贴图

图7-126　纱窗渲染效果

17. 屏幕

（1）打开配套文件中"模型\第7章\场景05"，打开"材质编辑器"，展开"材质"卷展栏，双击"VRayMtl"材质，在"视图1"窗口中双击"材质"，就会出现该材质的参数面板，取名为"屏幕"，将"漫反射"颜色设置为黑色，其颜色值均设置为18左右（图7-127）。

（2）继续将"反射"颜色设置为灰色，其颜色值均设置为67左右，将"反射光泽"设置为0.75，"细分"设置为20，关闭"菲涅耳反射"（图7-128）。

（3）将材质赋予显示器的屏幕进行渲染，渲染场景后的效果如图7-129所示。

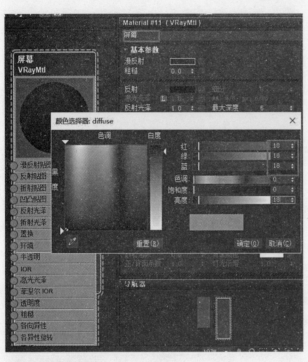

图7-127 材质设置

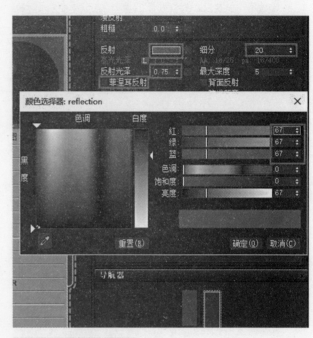

图7-128 反射颜色设置

图7-129 屏幕渲染效果

18. 灯罩

（1）打开本书配套资料中的"模型\第7章\场景06"，打开"材质编辑器"，展开"材质"卷展栏，双击"VRayMtl"材质，在"视图1"窗口中双击"材质"，就会出现该材质的参数面板，取名为"灯罩"，将"漫反射颜色"设置为白色，"反射颜色"设置为灰色，颜色值均设置为27左右，"反射光泽"设置为0.4，关闭菲涅耳反射（图7-130）。

（2）将"折射颜色"设置为灰色，颜色值均设置为81左右（图7-131）。

（3）将材质赋予台灯的灯罩进行渲染，渲染场景后的效果如图7-132所示。

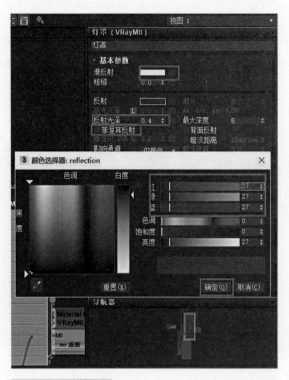

图7-130　材质设置

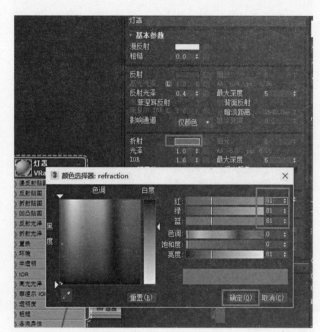

图7-131　折射颜色设置

图7-132　灯罩渲染的效果

19. 绿叶

（1）打开本书配套资料中的"模型\第7章\场景07"，打开"材质编辑器"，展开"材质"卷展栏，双击"VRayMtl"材质，在"视图1"窗口中双击"材质"就会出现该材质的参数面板，取名为"绿叶"，在"漫反射贴图"位置拖入一张绿叶的贴图（图7-133）。

（2）"反射"颜色设置为灰色，颜色值为25左右，"高光光泽"设置为0.65，"反射光泽"设置为0.8，"细分"设置为12（图7-134）。

（3）展开"贴图"卷展栏，在"凹凸贴图"位置拖入该绿叶的黑白贴图（图7-135）。

（4）将材质赋予绿叶进行渲染，渲染场景后的效果如图7-136所示。

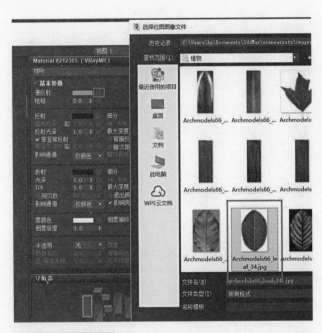

图7-133　材质设置

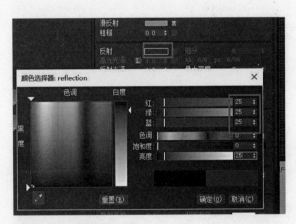

图7-134　反射颜色设置

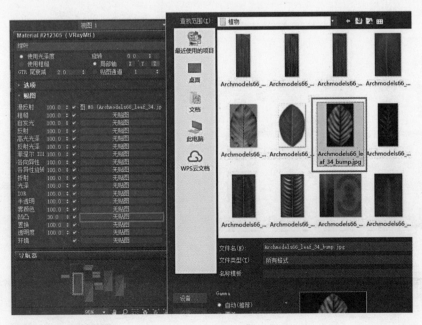

图7-135　选择贴图

图7-136 绿叶渲染效果

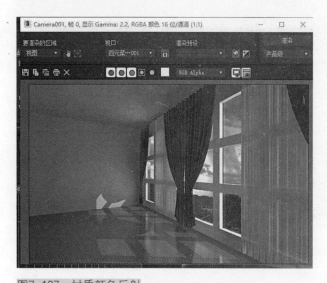

图7-137 材质颜色反射

三、VRay特殊材质

本章介绍关于VRay的特殊材质与贴图，在上一章已经介绍了VRay基本材质的调整与应用，但是在VRay材质中还有其他材质也经常用到，所以本章的内容也非常重要。

1. VR材质包裹器

在渲染场景中，经常会遇到材质颜色溢出的问题，这是就要使用到"VR材质包裹器"。

（1）打开本书配套资料中的"模型\第7章\场景08"，更改贴图路径，渲染场景图像（图7-137），仔细观察渲染的效果图，会发现地面的蓝色会大量的反射到场景的墙顶面上，这在现实生活中显然很夸张，所以必须减小这种反射。

（2）打开"材质编辑器"，选择地面材质，在"视图1"中将材质面板右边的连接点向右连接1个空白位置，在弹出菜单中选择"材质→VRay→VRayMtl转换器"（图7-138）。

（3）双击选择进入"VRayMtlWrapper parameters"的参数面板，将里面的"生成GI（生成全局照明）"设置为0.01（图7-139）。

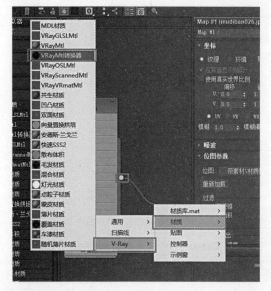

图7-138 材质选择

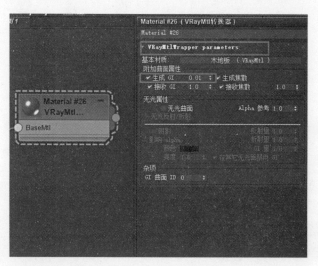

图7-139 属性设置

（4）将"VRayMtl转换器"材质赋予地面，再次渲染场景，相对于前一次的场景效果就会好很多，这就说明"VR材质包裹器"能有效控制材质颜色在渲染时溢出的问题（图7-140）。

（5）"VRayMtl转换器"不仅能够控制物体生成全局照明，还能控制物体"接收全局照明"，选择"白乳胶"材质，在"视图1"中将材质面板右边的连接点向右连接至空白位置，选择"材质"的"VRay"中的"VRayMtl转换器"进入的"VRayMtl转换器"的参数面板，双击选择进入"VRayMtlWrapper parameters"的参数面板，将里面的"接受GI（接受全局照明）"设置为3（图7-141）。

（6）将"白乳胶"的"VRayMtl转换器"材质赋予墙顶面，再进行渲染，渲染后的效果如图7-142所示。

图7-140　VR材质渲染效果

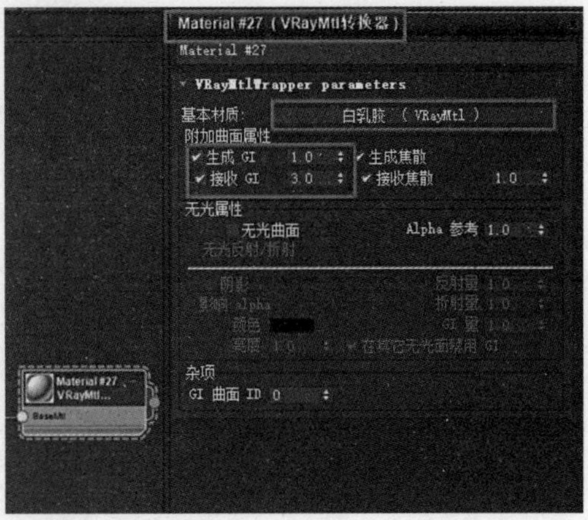

图7-141　控制照明

图7-142　VR转换渲染效果

2. VR灯光材质

一般在制作发光材质时会用到一般材质，但是一般灯光却没有真实灯光的效果，依靠虚拟灯光来表现也不真实，"VR灯光材质"模拟"发光材质"的方法，效果会非常真实。

（1）打开文件"模型\第7章\场景09"，更改贴图路径，打开"材质编辑器"，在展开"材质"卷展栏，双击"灯光材质"材质，在"视图1"窗口中双击"材质"，就会出现该材质的"参数"卷展栏（图7-143）。

（2）在"参数卷"展栏中，在"颜色"后面"无"的长按钮上拖入一张材质贴图作为屏幕材质，并将"颜色"后的值设置为2（图7-144）。

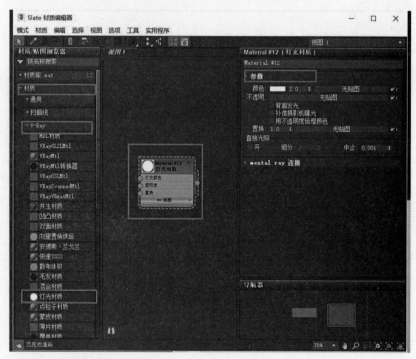

图7-143　材质设置

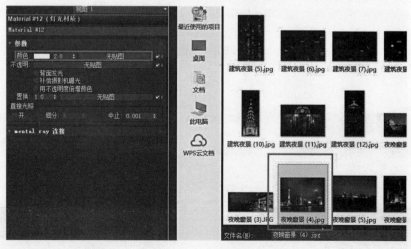

图7-144　选择贴图

（3）选中电视屏幕，将灯光材质赋予屏幕，渲染场景，会看到非常真实的夜晚计算机屏幕的效果（图7-145）。

3. VR 双面材质

VR 双面材质可以让物体的正反两面各自表现出不同的材质效果，在书籍模型中应用较多，可以真实地展现书籍的效果。

（1）打开文件"模型\第7章\场景10"，打开"材质编辑器"，展开"材质"卷展栏选择"双面材质"并双击，在"视图1"中双击该材质，就会出现该材质的"VRay双面 参数"卷展栏（图7-146）。

图7-145　屏幕渲染效果

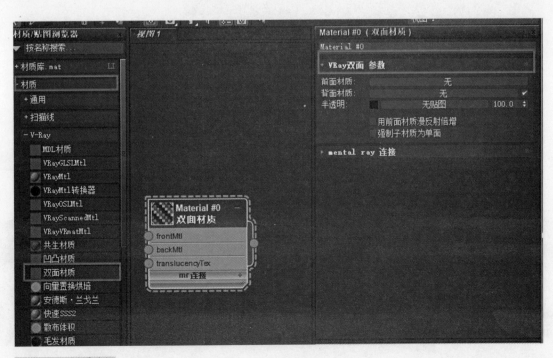

图7-146　材质选择

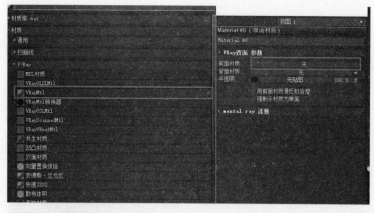

图7-147　转换材质

（2）选择"前面材质"后的"无"按钮，将其转换为"VRayMtl"材质（图7-147）。

（3）单击进入"VRayMtl"材质，在"漫反射"贴图的位置贴入一张图书页面的贴图（图7-148）。

（4）在"视图1"中单击"双面材质"面板，回到"双面材质"的"参数"卷展栏，勾选"背面材质"，将其转为"VRayMtl"材质，在"漫反射"贴图位置贴入另外一张贴图（图7-149）。

（5）在"视图1"中单击"双面材质"面板，回到"双面材质"参数面板，将"半透明"的颜色设为黑色，并取消勾选"强制子材质为单面"（图7-150）。

图7-148　选择贴图

图7-149　背面材质

图7-150　修改材质

（6）将材质赋予纸，渲染后的效果如图7-151所示。

4. VR 覆盖材质

VR 覆盖材质与VR包裹材质很相似，都可以解决颜色溢出的问题，但是VR覆盖材质还可以改变反射与折射的效果。

（1）打开本书配套资料中的"模型\第7章\场景04"，打开"材质编辑器"，选择地面材质，在"视图1"中将材质面板右侧的连接点向右连接至任意空白位置，选择"材质→VRay→覆盖材质"（图7-152）。

（2）在弹出的新面板中选择"Base Mtl（基本材质）"（图7-153）。

图7-151　渲染后效果

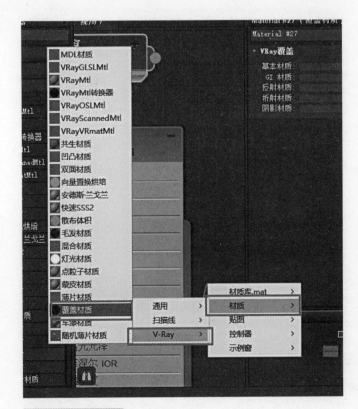

图7-152　材质设置

图7-153　选择材质

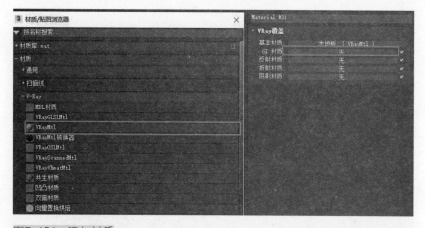

图7-154　添加材质

（3）双击"VRay覆盖"面板进入"参数"卷展栏，在"参数"卷展栏中"GI材质"的长按钮上添加"VRayMtl"材质（图7-154）。

（4）单击进入"参数"卷展栏，将"漫反射"颜色设置为浅黄色，具体参数可根据需要输入（图7-155）。

（5）将"覆盖材质"赋予墙面，渲染后的墙面会变成淡淡的浅黄色（图7-156）。

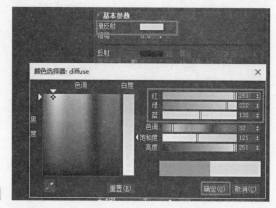

图7-155　颜色设置

图7-156　渲染后墙面效果

（6）双击"白乳胶"的"覆盖材质"面板进入参数面板，在"反射材质"位置添加新的"VRayMtl"材质（图7-157）。

（7）单击进入其参数面板，并将"漫反射"颜色设置为深红色（图7-158）。

（8）对场景进行渲染，渲染场景后的效果如图7-159所示。

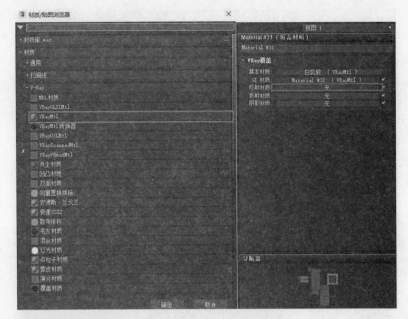

图7-157　材质设置

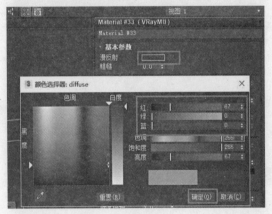

图7-158　颜色设置

图7-159　渲染后效果

（9）再次进入"材质编辑器"，选择背景的"VR灯光"材质，给其添加"VR覆盖材质"，在"折射材质"位置添加新的"VRayMtl"材质（图7-160）。

（10）单击进入其参数面板，将"漫反射"颜色设置为浅蓝色（图7-161）。

（11）将该"VR覆盖材质"赋予背景，渲染后的效果如图7-162所示。

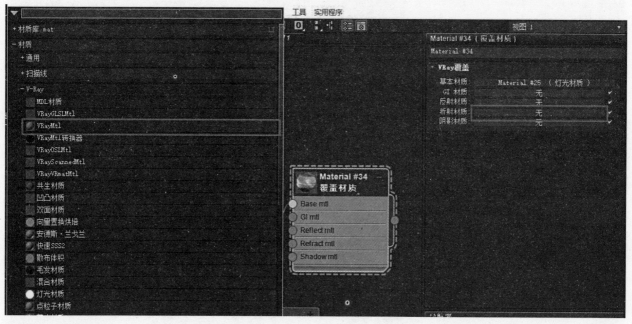

图7-160　材质设置

图7-161　颜色设置

图7-162　渲染后效果

（12）如果将玻璃隐藏起来，"VR覆盖材质"的折射材质将会无效。隐藏玻璃后的渲染效果如图7-163所示。

5. VR混合材质

VR混合材质的应用一般不多，只是在偶尔制作特效时才会使用。

（1）打开本书配套资料中的"模型\第7章\场景01"，打开"材质编辑器"，给"大理石"材质添加"混合材质"（图7-164）。

（2）在弹出的选项中选择"基本"材质（图7-165）。

图7-163　隐藏玻璃渲染效果

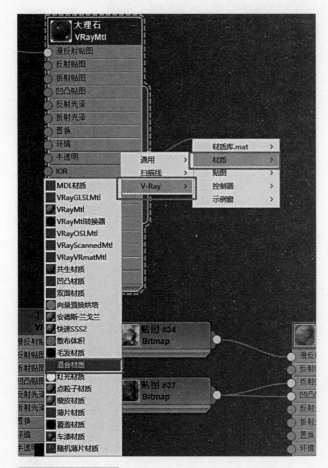

图7-164　材质设置

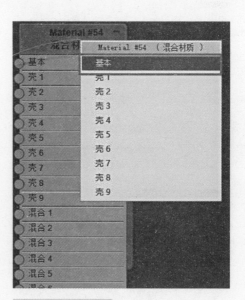

图7-165　选择材质

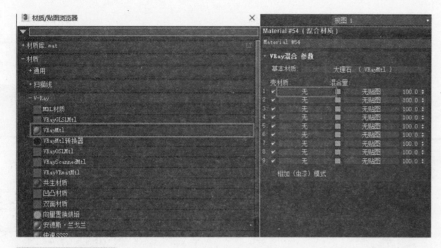

图7-166 添加材质

图7-167 颜色设置

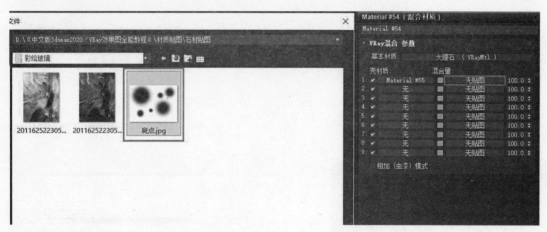

图7-168 选择贴图

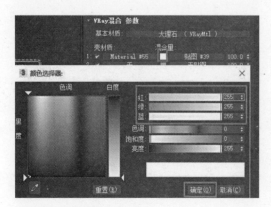

图7-169 颜色设置

（3）双击"混合材质"进入参数面板，在"壳材质1"中添加"VRayMtl"材质（图7-166）。

（4）单击"材质"进入其参数面板，将"反射"颜色设置为白色，将"反射光泽"设置为0.9（图7-167）。

（5）双击"VRay混合"回到其参数面板，在"混合量"中添加一张贴图"斑点"（图7-168）。

（6）将"壳材质1"与"混合量1"之间的颜色设置为白色（图7-169）。

（7）将该VR混合材质赋予球体，渲染后的效果如图7-170所示。

（8）"混合材质"可以对一个物体同时赋予两种不同的材质，还可以做出其他特殊效果，由于在装修效果图制作中运用不多，这里就不再一一介绍了。

6．VR边纹理贴图

VR边纹理贴图可以为场景中的物体在渲染的时候添加线框效果。

（1）打开本书配套资料中的"模型\第7章\场景06"，打开材质编辑器，在展开"材质"卷展栏，双击"VRayMtl"材质，在"视图1"窗口中双击材质就会出现该材质的参数面板，取名为"VR边纹理"，在"漫反射贴图"位置添加"边纹理"贴图（图7-171）。

（2）单击进入"VRayEdgesTex params（VR边纹理）"的参数面板，将"颜色"设置为黑色，"像素宽度"设置为0.5（图7-172）。

图7-170　球体渲染效果

图7-171　添加纹理贴图

图7-172　纹理设置

（3）将该材质赋予台灯，渲染后的效果如图7-173所示。

（4）进入"VR边纹理"的参数面板，展开"贴图"卷展栏，在"透明度"贴图位置添加"边纹理"贴图（图7-174）。

（5）单击进入"VRayEdgesTex params（VR边纹理）"卷展栏，将"颜色"设置为白色，"厚度"的像素为0.5（图7-175）。

图7-173　台灯渲染效果

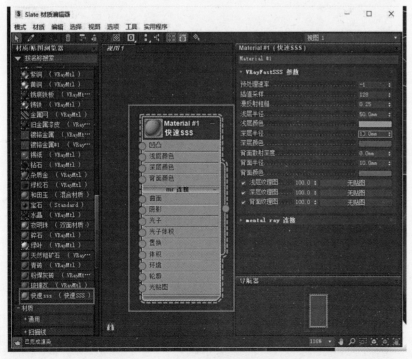

图7-174　添加纹理贴图

图7-175　纹理设置

（6）对场景进行渲染。渲染场景后的效果如图7-176所示。

7. VR快速3S材质

VR快速3S材质可以模拟肉、玉佩、橡皮泥等透光不透明的材质效果。

（1）打开本书配套资料中的"模型\第7章\场景11"，打开材质编辑器，在展开"材质"卷展栏，双击"快速SSS"材质，在"视图1"窗口中双击"材质"就会出现该材质的参数面板（图7-177）。

图7-176　场景渲染效果

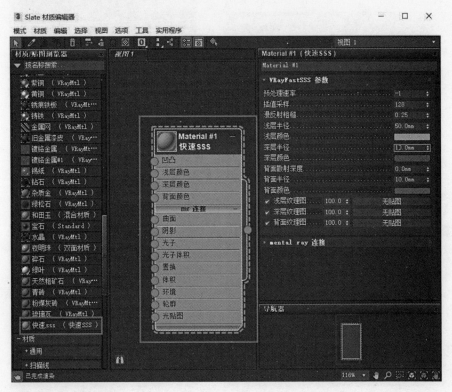

图7-177　材质设置

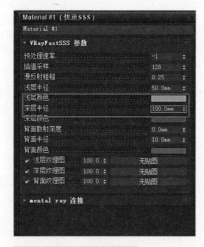

图7-178 材质参数设置

（2）修改其中的参数，将"浅层颜色"设置为浅绿色，将"深层半径"设置为10.0mm（图7-178）。

（3）将材质赋予场景中的圆环，渲染后的效果如图7-179所示。

8. VRayHDRI贴图

VRayHDRI贴图既可以作为光源，又可以作为环境贴图，用于小场景背景效果极佳。

（1）打开本书配套资料中的"模型\第7章\场景01"，首先删除场景中的所有灯光，选择菜单栏"渲染"菜单下的"环境"（图7-180）。

（2）在"环境和效果"对话框中，勾选"贴图"，单击"无"按钮，在"材质/贴图浏览器"中选择"VRayHDRI"（图7-181）。

（3）打开"材质编辑器"，在"场景材质"卷展栏下找到"贴图#8（VRayHDRI）"贴图，双击打开，在"视图1"中再次双击打开"参数"卷展栏，在"位图"后单击"浏览"按钮（图7-182）。

（4）在本书附赠素材的"材质贴图\HDRI贴图"中找到"场景环境.hdr"文件，单击"打开"按钮（图7-183）。

（5）将"贴图类型"设置为"球形"，将"全局倍增"设置为0.5（图7-184）。

（6）对场景进行渲染，渲染场景后的效果如图7-185所示。

图7-179 渲染后效果

图7-180 渲染菜单栏

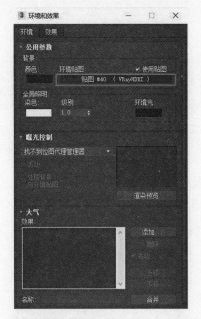

图7-181　选择贴图

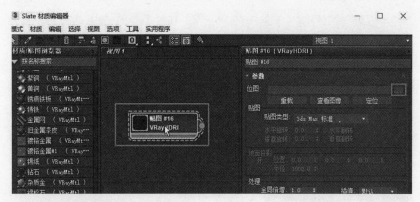

图7-182　贴图浏览

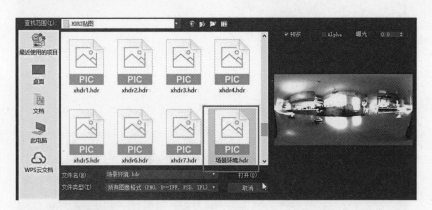

图7-183　选择贴图

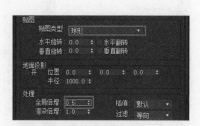

图7-184　贴图类型设置

图7-185　渲染后效果

四、VRay材质保存与调用

1. VRay材质保存

（1）打开"材质编辑器"，单击"材质/贴图浏览器"下面的按钮，在"材质/贴图浏览器选项"菜单中选择"新材质库"（图7-186）。

（2）在计算机硬盘中选择保存位置，并命名为"材质库"，单击"保存"按钮（图7-187）。

（3）任意选择一个"场景材质"，单击鼠标右键，选择"复制到→材质库.mat"，这样就可以将该材质保存在材质库中（图7-188）。

（4）将前面学习的材质——复制到"材质库"中，展开"材质库"卷展栏（图7-189）。

图7-186 材质库

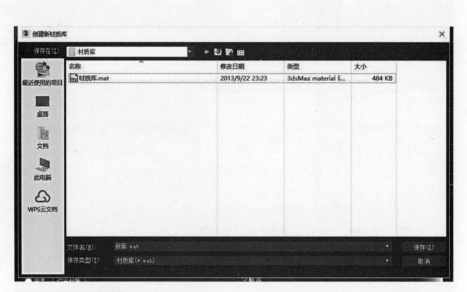

图7-187 保存材质库

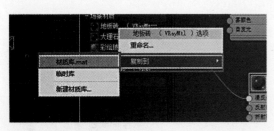

图7-188 复制材质

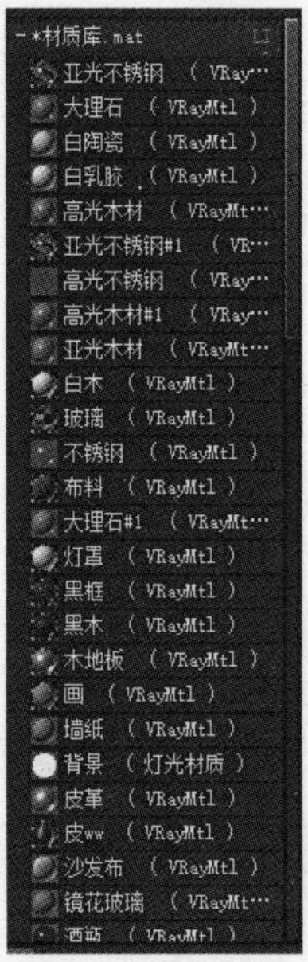

图7-189 材质库

2. VRay材质调用

在"材质库"卷展栏下双击鼠标左键选择任意一个材质,该材质就会出现在"视图1"中,可以将该材质直接赋予场景中的指定物体,也可双击鼠标左键,在右侧"基本参数"卷展栏中可以对其进行继续修改(图7-190)。

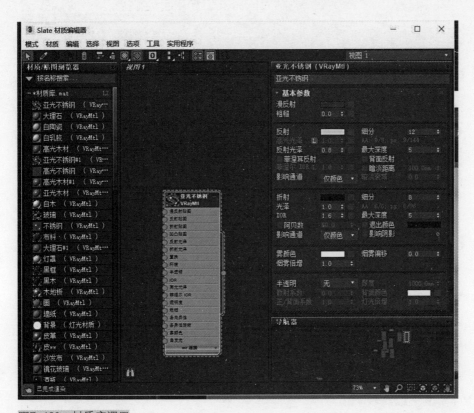

图7-190 材质库调用

本章小结

本章主要讲解了VRay的材质使用、渲染,在模型场景渲染中,几乎所有都可以通过VRay进行调节,它拥有材质、光线跟踪与全局照明技术的渲染器,是渲染效果图掌握的必要技能。这就要求我们要熟练掌握VRay,以便能更快捷、更交互、更可靠地满足场景渲染效果图的真实性。

课后练习

1. 安装VRay插件,设置渲染器。
2. 了解VRay主界面的渲染功能和照明设置作用。
3. VRay材质中的常用材质和特殊材质类型有哪些?
4. 怎样对导入的模型赋予材质渲染?

第八章
VRay灯光与渲染设置

PPT 课件

案例素材

操作教学视频

学习难度：★★★★★
重点概念：灯光、渲染、效果

◁ 章节导读

在3ds Max 2020中，VRay灯光是体现效果的最终环节，也是渲染必不可少的插件，本章主要介绍VRay灯光参数设置，对光线跟踪与全局照明技术进行详细讲解，VRay灯光照明效果更快捷、更可靠，能烘托出完美的渲染效果，将场景渲染变得非常真实。

第一节　灯光"VRayLight"

VRay灯光是在场景中使用广泛的灯光之一，从室内照明到装饰性的灯带都离不开VRay灯光，本节介绍VRay灯光的参数与选项，讲解灯光的创建与使用方法。

一、VRay灯光参数

（1）打开场景文件"第8章\场景01"，进入创建面板选择"VRay"（图8-1）。

（2）在顶视口中创建一个VR灯光（图8-2）。

（3）进入参数面板，勾选"一般"中的"开"，这能控制灯光的开关，取消勾选将会关闭灯光，勾选下面的"目标的"，能控制灯光的衰减（图8-3）。

（4）类型，用于选择灯光形状，不同的形状会照射出不同的效果，有5种不同的类型供选择（图8-4）。

- 补充要点 -

真实灯光

VRay灯光属于真实灯光，在生活中能见到的光源都可以采用VRay灯光来表现。在有光源的部位设置灯光，在没有光源的部位不设置灯光，看似简单，但实际上很容易忽视强度微弱的局部光源。例如，夜间的窗外月光投射到室内后，与室内灯光照明相比就显得很微弱，很容易被忽视，缺少这种光源好像无关紧要，但会让效果图的照明显得较单薄，给人的效果比较机械，无法表现真实的环境氛围。此外，计算机显示器、电视机、手机的屏幕或反光较强的其他材料也是重要的辅助光源，将其也设置为灯光是进一步提升效果图质量的关键。

图8-1　创建面板

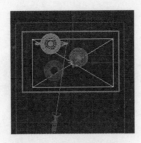

图8-2　创建VR灯光

图8-3　控制灯光

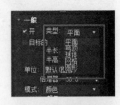

图8-4　灯光类型

图8-5　平面灯光

图8-6　穹顶灯光

图8-7　球体灯光

图8-8　网格灯光

（5）这5种不同类型的灯光依次为"平面"（图8-5）、"穹顶"（图8-6）、"球体"（图8-7）、"网格"（图8-8）"圆形"（图8-9），渲染后的效果各不相同。

（6）"单位"是指灯光的强度单位，有5种不同的单位选择，不同的单位应给予不同的数值，一般使用"默认（图像）"即可（图8-10）。

图8-9　圆形灯光

图8-10　灯光强度

图8-11　灯光亮度

图8-12　灯光颜色

（7）"倍增器"是控制灯光亮度的选项，要对场景大小与灯光大小综合考虑，此场景可以设置为4.（图8-11）。

（8）可以选择"颜色"与"色温"两种"模式"来调节灯光颜色，现在选择"色温"，将"色温"值设置为4300.0（图8-12）。

二、VRay渲染

（1）渲染后的效果如图8-13所示。

（2）在"大小"选项中，灯光的大小仅为实际长、宽的1/2，而且灯光的大小会影响灯光的强度，现在将灯光的"半长"设置为700.0mm，"半宽"设置为500.0mm，渲染后的效果如图8-14所示。

图8-13　渲染后效果

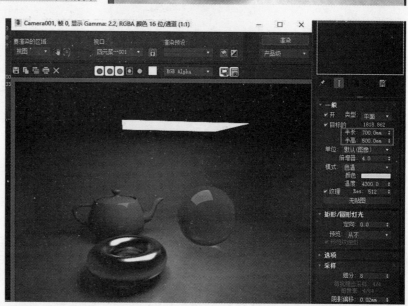

图8-14　灯光大小渲染效果

（3）单击上方的"排除"按钮，可以进入"排除／包含"选项，它能控制灯光是否对某些物体进行照射（图8-15）。

（4）勾选"投射阴影"后会有阴影，取消勾选则无阴影，取消勾选的渲染效果如图8-16所示。

（5）勾选"双面"后可以使面光源两面都发光。勾选后的渲染效果如图8-17所示。

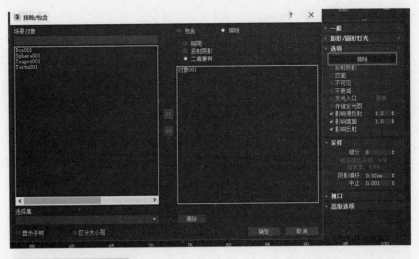

图8-15　控制灯光照射

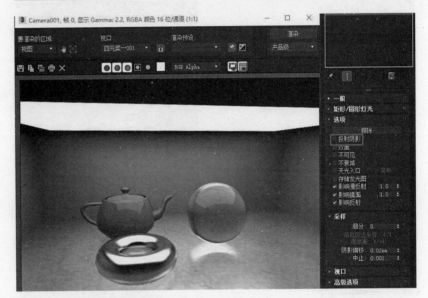

图8-16　灯光阴影渲染效果

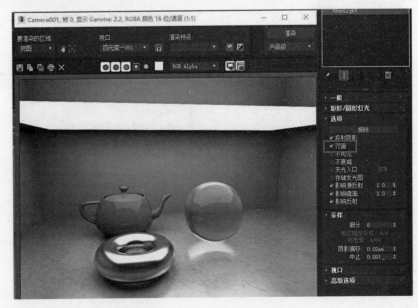

图8-17　双面灯光渲染效果

（6）"不可见"可以使面光源在渲染时可见或可不见。勾选后的渲染效果看不到顶部的光源（图8-18）。

（7）"不衰减"能使灯光不产生衰减效果，勾选"不衰减"灯光会非常强烈。勾选后的渲染效果如图8-19所示。

（8）天光入口，指的是场景中有天光或其他光进入的时候不进行遮挡，用于灯光测试（图8-20）。

（9）储存发光图，可以减少场景光线的亮度，勾选后的渲染效果如图8-21所示。

（10）影响漫反射，指的是光线对漫发射材质的影响，取消勾选"影响漫反射"的渲染效果如图8-22所示。

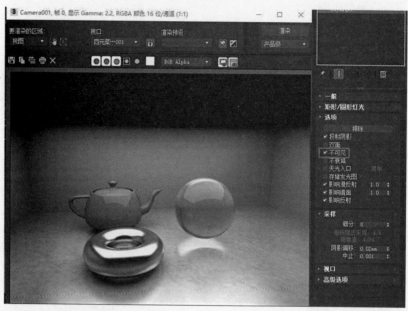

图8-18　光源渲染效果

图8-19　强烈灯光渲染效果

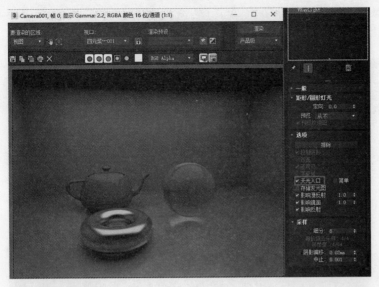

图8-20　灯光测试

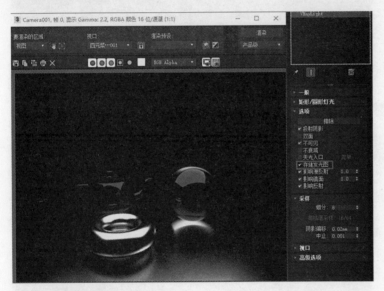

图8-21　储存发光渲染效果

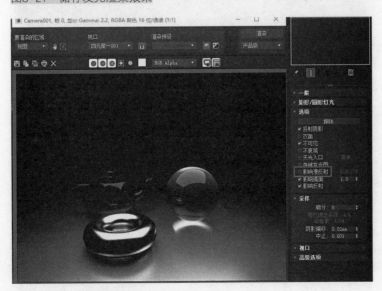

图8-22　漫反射渲染效果

（11）取消勾选"影响镜面"后，场景中的高光发射物体将不会产生该灯光的高光。取消"影响镜面"渲染场景后的效果如图8-23所示，后面的倍数能控制效果的强弱。

（12）取消勾选"影响反射"后，场景中的镜面反射物体将不会反射灯光的影像。取消勾选"影响反射"渲染场景后的效果如图8-24所示，后面的倍数能控制效果的强弱。

（13）"采样"选项，其中的"细分"能控制该

灯光线的细腻程度，数值越高就越细腻，效果就越好，不过数值不宜过大，会影响电脑渲染时间。将"细分"值设置为50的渲染效果如图8-25所示。

（14）"阴影偏移"能让场景中的阴影产生一定的偏移，一般保持不变（图8-26）。

（15）"中止"可以控制灯光的照射范围，让其在一定范围内进行照射。这是"中止"值设为1的渲染效果（图8-27）。

补充要点

场景灯光设置

在场景空间中设置的灯光越多，效果就越细腻、越真实，如果计算机的性能较好，且场景空间中的模型并不复杂，可以尝试采用2～3个VRay灯光来模拟1个光源，即放置在距离较近的位置上，分别设置不同参数，就能达到更真实的照明效果。部分软件翻译不同，1/2长可能被译成半长，GI也可能被译成间接照明，这里需要以具体使用版本而定。

图8-23　影响镜面渲染效果

图8-24　影响反射渲染效果

图8-25　采样渲染效果

图8-26　阴影偏移渲染效果

图8-27　中止渲染效果

第二节 阴影"VRayIES"

VRayIES是指在使用光度学文件时的阴影,这种阴影能使灯光产生更加真实的效果。VRayIES与"光度学"下"目标灯光"制作射灯的效果基本相同,不过VRay公司对其进行了优化,使之能快速渲染。使用方式更为简单。

(1)打开本书配套资料中"模型\第8章\场景02"中场景文件,在创建面板中选择灯光下的"光度学"灯光,选择"自由灯光",在顶视口中进行创建(图8-28)。

(2)在前视口中将其移动好位置,并进入修改面板(图8-29)。

(3)红框处是灯光的起始点,末端的点是灯光的目标点,它们共同决定了灯光的方向(图8-30)。

(4)选中灯光的"起始点",进入修改面板,在IES文件选择"TD-202.IES"(图8-31)。只有选中"起始点"进入修改面板才能对灯光参数进行修改。

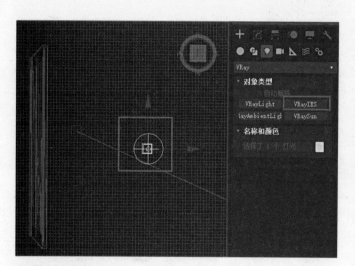

图8-28 创建灯光

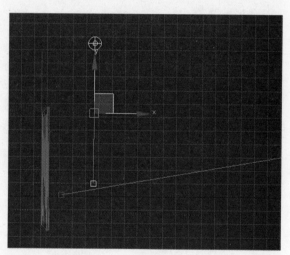

图8-29 移动灯光

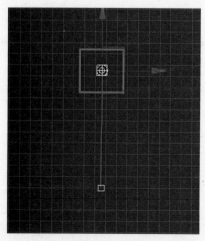

图8-30 灯光方向

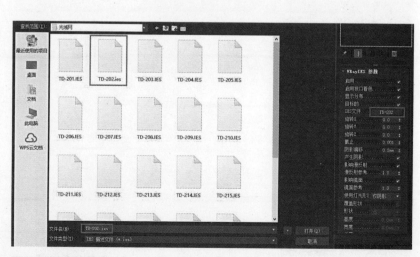

图8-31 修改面板

（5）"启用"控制灯的开关，一般应勾选"启用视口着色"，取消勾选"显示分布"，灯头会被隐藏，一般保持默认勾选，勾选下面的"目标的"能控制灯光的衰减（图8-32）。

（6）旋转X/Y/Z控制射灯的方向，将"旋转Y"的值设为30，灯光会绕Y轴旋转30°（图8-33）。

（7）在"截止"中输入数值会控制射灯光线的起始距离。这是输入数值0.01的渲染效果，一般情况下，可以将其设为0（图8-34）。

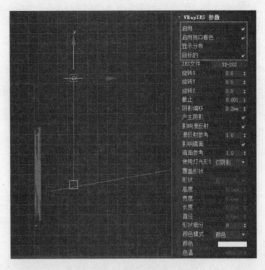

图8-32　显示控制灯

图8-33　旋转射灯方向

图8-34　控制光线的起始距离

（8）"阴影偏移"能将阴影向一定方向进行偏移，将其数值设为20.0mm，可以看到阴影向内收缩了一部分，勾选后的渲染效果如图8-35所示。

（9）"产生阴影"与"影响漫反射"，与VRay面光源原理相同，取消勾选"产生阴影"影响阴影，物体将没有阴影，取消勾选"影响漫反射"物体将不再漫反射光线，此时画面将会过暗。将两者取消后的渲染效果如图8-36所示。

图8-35　阴影偏移渲染效果

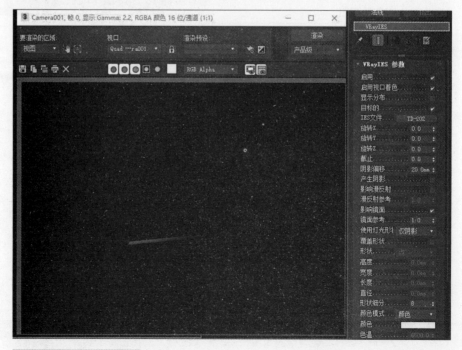

图8-36　取消后渲染效果

（10）"漫反射参考"和"镜面参考"是对漫反射与镜面物体的单独强化，后面的数值，是控制它强度的大小。将其数值设置为2，可以看到漫反射明显增强（图8-37）。

（11）"覆盖形状"是控制灯光形状的选项，勾选后可以控制灯光的形状。这是将"形状"设置为矩形，将"高度"设为1000，画框的阴影明显加长，渲染效果如图8-38所示。

图8-37　增强漫反射效果

图8-38　灯光形状效果

（12）"形状细分"是控制灯光细分的选项，细分数值越大，光线越为细腻。这是将"形状细分"设置为50，渲染效果如图8-39所示。

（13）"颜色模式"是可以选择温度或颜色两种模式，该选项可以控制光线的颜色，将"颜色模式"改为"温度"，"温度"设置为4300，渲染效果如图8-40所示。

图8-39　灯光细分效果

图8-40　光线颜色效果

（14）"强度模式"是可以选择功率或强度两种模式，该选项可以控制光线的强度，将"强度模式"改为"功率"，"强度值"设置为5000，渲染效果如图8-41所示。

（15）"视口线框颜色"是控制灯光在视口中显示颜色的选项，默认是黄色，勾选后可以自定义颜色。图标文本可以将灯光的名称，以文字的方式在视口中显示，一般默认不用勾选。

图8-41　光线强度效果

第三节　阳光"VRaySun"

VRaySun是一种较专业的照明光，在场景中可以模拟真实的太阳光的效果。

（1）打开本书配套资料"模型\第8章\场景03"，在创建面板中选择"VRSun"（图8-42）。

（2）在左视口中创建一个VR阳光，从右上角照射至场景模型（图8-43）。

（3）创建完成后会弹出"VRay太阳"对话框，单击"否"（图8-44）。

（4）在顶视口中，使用"移动"工具仔细调整灯光的位置（图8-45）。

图8-42　创建面板

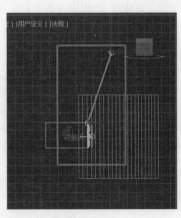

图8-43　创建阳光

图8-44　对话框

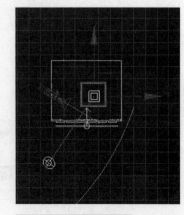

图8-45　移动调整位置

--- 补充要点 ---

VRaySun效果

VRaySun不仅可以模拟白天的强照明效果，还可以模拟出清晨、黄昏、夜晚、阴雨等环境照明效果，只是将"VRay太阳"卷展栏中的参数进行细致调节即可。

图8-46 曝光渲染效果

（5）渲染场景，查看效果，此时的场景太阳光显得过于强烈，产生了大量曝光现象。这是由于本场景使用的是普通物理相机，要降低"VRay太阳"的"强度倍增"值（图8-46）。

（6）进入修改面板，打开"太阳参数"卷展栏，找到"强度倍增"，这个值一般在使用"VR物理摄像机"时设置为1左右，但使用普通相机或不使用相机时这个值就应设置为0.04左右。第1项"启用"，是控制灯光的开关选项，第2~4项的参数与VRay灯光的参数相同，这里就不再重复介绍了。"投射大气阴影"是模拟大气层的选项，勾选后能让光线效果更佳逼真。默认为勾选的渲染效果如图8-47所示。

图8-47 修改后效果

--- 补充要点 ---

真实阳光对比

要表现真实的阳光应注意门窗玻璃与窗帘的阻挡效果，此外，还应控制阳光投射在地面上的阴影要有所模糊，不能过于生硬。门窗外环境贴图的亮度也要与阳光强度对应，避免出现风景很亮而阳光很弱的情况。

（7）"浑浊"是控制空气浑浊的参数，数值越高光线就越昏暗，反之越明亮。这是将"浊度"设置为10.0的渲染效果（图8-48）。

（8）"臭氧"是控制臭氧层浓度的参数，值越高其反射光线越冷，值越低光线就越暖，这是将"臭氧"设置为1.0的渲染效果（图8-49）。

图8-48　空气渲染效果

图8-49　臭氧层渲染效果

（9）"大小倍增"能控制灯光的大小，这个值越高阴影就越模糊，反之就越清晰，将"大小倍增"值设置为10的渲染效果如图8-50所示。

（10）"过滤颜色"能选择灯光颜色，一般选择暖黄色，不过制作特效时可以根据需要选择，这里设置为冷紫色，制造出夜晚灯光效果（图8-51）。

图8-50　灯光大小效果

图8-51　灯光颜色效果

（11）"阴影细分"是调节阴影细腻程度的选项，数值越大阴影越细腻，反之越粗糙（图8-52）。

（12）"阴影偏移"是控制阴影长短的选项，与"VRay阴影"功能相同（图8-53）。

图8-52　阴影效果

图8-53　阴影长短效果

（13）"光子发射半径"能控制"光子图文件"的细腻程度，对常规场景渲染无效。将"光子发射半径"设置为1.0mm的光子图渲染效果如图8-54所示。

（14）"天空模型"提供了3个固定场景的模型，前面使用的都是默认效果，里面包括"CIE清晰"与"CIE阴天"两种，选择"CIE阴天"的渲染效果如图8-55所示。

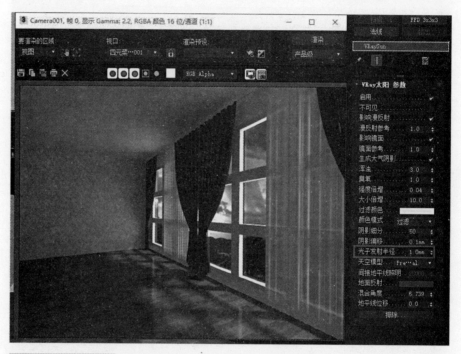

图8-54　光子图效果

图8-55　阴天渲染效果

（15）"间接水平照明"能控制灯光对地面与背景贴图强度，将天空模型设置为"CIE清晰"才能设置"间接水平照明"的数值。将"间接地平线照明"设置为2500.0的渲染效果如图8-56所示。

（16）最下方的"排除"按钮能排除"VRay太阳"光源对场景中某些物体的照射，单击"排除"按钮（图8-57）。

（17）在对话框中将"窗框"排除到右边，点击"确定"按钮（图8-58）。

（18）渲染场景后观察效果，没有窗框的阴影（图8-59）。

图8-56　间接照明渲染效果

图8-57　排除照射

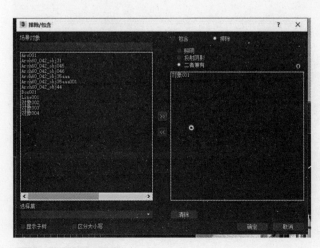

图8-58　排除对话框

图8-59　渲染后效果

- 补充要点 -

"排除"阳光功能

"排除"阳光的功能很实用，能将窗外某些用于提供反光的模型排除，这样就能避免产生不必要的阴影，这对于门窗面积很大的场景模型很有必要。

第四节　天空贴图

（1）打开本书配套资料"模型\第8章\场景04"，在菜单栏"渲染"中选择"环境"（图8-60）。

（2）在弹出的"环境和效果"对话框中单击"环境贴图"下的"无"按钮，添加一张"天空"贴图（图8-61）。

（3）双击选择"天空"后，打开"材质编辑器"，在"场景材质"卷展栏下会出现"天空"的贴图材质，双击选择（图8-62）。

图8-60　菜单栏环境

图8-61　选择贴图

（4）再双击"视图1"中的"VRay天空"的贴图材质，进入其参数面板，勾选第1项"指定太阳节点"，就可以调节下面的参数了（图8-63）。

（5）"太阳光"，此项是让此贴图与场景中"VRay太阳"产生关联的选项，单击后面的"无"按钮，然后单击场景中的"VRay太阳"，就可以将两者联系起来，使这两者相互关联（图8-64）。

（6）以下参数与"VRay太阳"的参数相同，调节各项会改变环境效果，如图8-65所示为默认状态下的渲染效果。

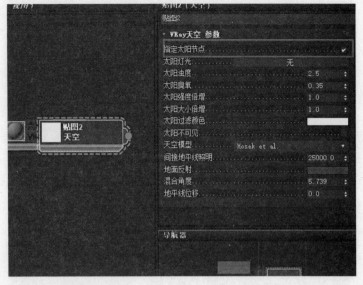

图8-63 设置贴图材质

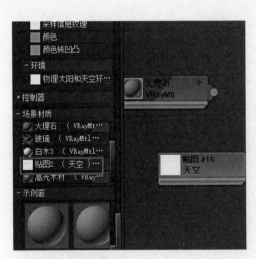

图8-62 选择贴图

图8-64 关联贴图光源

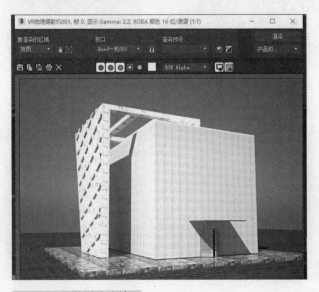

图8-65 调整后渲染效果

第五节　VRay渲染设置

一、渲染面板介绍

1. 帧缓冲区

（1）在"帧缓冲区"卷展栏中勾选"启用内置帧缓冲区"可以开启"VRay帧缓冲器"（图8-66）。

（2）单击"渲染"就会出现"VRay帧缓冲器"，上面有很多工具，可以进行通道渲染，或局部渲染，比传统的帧缓冲器使用更方便（图8-67）。

（3）勾选"单独的渲染通道"选项中单独保存需要的通道文件（图8-68）。

（4）单击"显示最后VFB"按钮，可以在关闭帧缓冲器后，重新显示上次的渲染图像，其余的设置与传统"帧缓冲区"卷展栏设置一致（图8-69）。

2. 全局开关

（1）"全局开关"卷展栏中的设置都是针对全局场景进行的，勾选"强制背面消隐"将会使场景中的所有物体全都背面消隐（图8-70）。

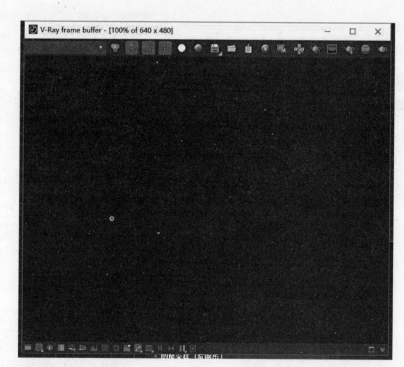

图8-66　帧缓冲区面板

图8-67　渲染工具

图8-68　保存文件

图8-69　显示渲染图像

图8-70　全局开关

（2）勾选"覆盖材质"，再单击"无"按钮，就可以在"材质库.mat"中为场景中的所有物体添加同一种材质（图8-71）。

（3）勾选"不渲染最终图像"，帧缓冲器将不会显示场景的最终图像，只会显示经过简单计算的模糊图像，但是渲染速度较快（图8-72）。VRay3.6渲染器取消了概率灯光设置，可以在图像采集器中调整细分，以此来避免渲染时出现光斑。

3. 图像采样（抗锯齿）

（1）"图像采样"卷展栏也称为"抗锯齿"，在"图像采样"选项中有两种类型：一种是"渲染块"；另一种是"渐进"。"渲染块"采样器内存效率更高，效率更好，更适用于分布式渲染。"渐进"采样器可用于获得整个图像的快速反馈。一般情况下选择"渲染块"类型（图8-73）。

图8-71　选择材质

图8-72　渲染模糊图像

图8-73　图像采样

（2）选择不同的过滤器，会弹出相应的过滤器卷展栏，最小细分是控制每个像素采样的最小数目，最大细分是控制每个像素采样点的最大数目，噪波阈值是控制何时停止对像素的自适应采样。如需获得高质量的渲染效果图，可以适当减少噪波阈值的数值，扩大最大细分（可设为8、16）和最小细分（可设为2）。但更改参数可能需要更长的渲染时间（图8-74）。

4. 图像过滤

图像过滤器有16种不同的类型，其中最常用的就是"区域"与"Catmull-Rom"，"区域"在渲染的测试阶段使用，"Catmull-Rom"在最终渲染时使用，使用"Catmull-Rom"时，将会优化物体边缘，获得更好的渲染效果（图8-75）。

5. 全局DMC

勾选"使用局部细分"可以更改每个材质的单独细分值，很多时候物体不能单独更改材质的细分，往往是没有将其勾选，（图8-76）。

6. 全局照明（GI）

（1）进入"GI"卷展栏，选择"专家模式"，勾选"开"可以启用全局照明，可让场景中的光线产生真实的反弹效果，上面的参数一般不改变（图8-77）。

（2）在"首次引擎"选项中，全局照明引擎有4种选择，一般使用"发光贴图"（图8-78）。

（3）在"二次引擎"选项中，"倍增"的值一般会有所降低或保持1.0不变，通常可以设置为0.95，在"全局照明引擎"中一般使用"灯光缓存"（图8-79）。

7. 发光贴图

（1）当前预设有8种选择，对应不同的场景，选择最佳预置可大大节省渲染时间，在场景测试时可选择"自定义"或者"非常低"，在最终渲染时可选择"中"或"高"（图8-80）。

（2）在"高级模式"下，勾选"显示计算阶段"与"显示直接光"可以使"帧缓冲器"显示渲染计算的各种状态（图8-81）。

图8-74　设置渲染质量

图8-75　图像过滤

图8-76　局部细分材质

图8-77　全局照明

图8-78　首次引擎

图8-79　二次引擎

（3）"模式"有8种，能应对不同的场景需求，当有储存的光子文件时，可选择"从文件"以节约场景的渲染时间（图8-82）。

（4）下面的"模式"勾选"自动保存"，单击"浏览"按钮，选择保存位置后，再渲染场景就可以保存场景的光子文件（图8-83）。

8. 灯光缓存

（1）在"计算参数"选项中，"细分"值越高，场景的灯光就会越细腻，默认为1000（图8-84）。

（2）勾选"显示计算阶段"可以使"帧缓冲器"显示灯光缓存的渲染计算状态（图8-85）。

（3）下面的"模式"与"在渲染结束后"选项内容与"发光贴图"卷展栏中的操作相同，作用类似（图8-86）。

9. 颜色贴图

（1）在"颜色贴图"卷展栏的"类型"选项中有7种不同的颜色贴图方式，能调节场景中光线的明暗对比度，最常用的是"指数"。

（2）在"专家模式"下，"暗部倍增"能调节暗部的明暗度，"亮部倍增"能调节亮部的明暗度，"伽马"能调节场景整体明暗度，根据场景的测试效果调节这3个参数（图8-87）。

图8-80 预设渲染

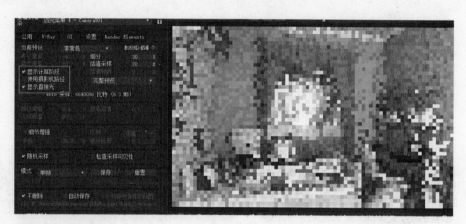

图8-81 渲染图像

图8-82 场景模式

图8-83 保存文件

图8-84 灯光参数

图8-85 显示渲染状态

图8-86 保存文件

图8-87 调节明暗度

10. 系统

（1）在"动态分割渲染块"选项中可以调节"帧缓存器"中渲染块的大小、形状和方向（图8-88）。

（2）在"帧标记"选项中，勾选后可以显示此次渲染的参数，如时间、渲染器等（图8-89）。

（3）在"日志窗口"卷展栏中，设置"从不"，可以关闭"VRay消息"窗口（图8-90）。

二、快速渲染参数

在场景中经常会大量测试场景，进行不同程度的调整，直到调整到合适的效果，再将场景参数增大，所以速度对于前期渲染草图非常重要。

（1）打开本书配套资料中的"模型\第8章\卧室"，找到贴图所在位置，打开"渲染设置"对话框。

（2）进入"渲染设置"的"公用参数"卷展栏，将"输出大小"设置为320×240，并在下面"渲染输出"中取消勾选"保存文件"（图8-91）。

（3）进入"VRay"设置面板，展开"全局开关"卷展栏"专家模式"下，将"默认灯光"设置为关，在下面的"图像采样（抗锯齿）"卷展栏中，将"类型"设置为"块"，在下面的"图像过滤"卷展栏中，将"过滤器"设置为"区域"（图8-92）。

（4）进入"GI"卷展栏，勾选"全局照明"的"开"，在专家模式下，将"首次引擎"设置为"发光贴图"，"二次引擎"设置为"灯光缓存"，"倍增"设置为0.95（图8-93）。

（5）展开下面的"发光贴图"卷展栏在专家模式下，将"当前预设"设置为"自定义"，"最小

图8-88　渲染形态

图8-89　渲染参数

图8-90　日志窗口

图8-91　渲染设置

图8-92　灯光类型

速率"设置为-6,"最大速率"设置为-5,"细分"设置为30,"插值采样"设置为30,然后勾选"显示计算阶段"与"显示直接光"(图8-94)。

（6）再将下面的"模式"选项设置为"单帧"(图8-95)。

（7）展开下面的"灯光缓存"卷展栏,在"专家模式"下,将"细分"设置为450,将"采样大小"设为0.1,勾选"储存直接光"与"显示计算阶段",将"模式"设置为"单帧",取消勾选"自动保存"(图8-96)。

（8）设置完成后渲染场景,等待大约1min,就会得到一张效果图,查看效果,如果无须修改,就可以设置更大的输出尺寸,进行最终渲染了(图8-97)。

（9）将设置好的渲染参数,保存为预设,这样下次渲染小图时可以直接调用(图8-98)。高版本创建的预设,只能使用高版本的VRay渲染器打开,打开时会显示预设的版本信息。

图8-93 灯光设置

图8-95 模式选项

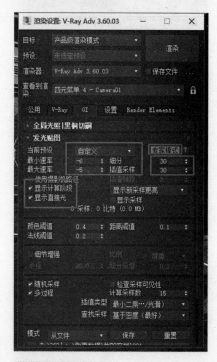

图8-94 贴图设置

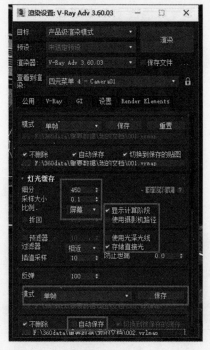

图8-96 设置缓存

图8-97 渲染后效果图

图8-98 保存预设

图8-99　渲染设置

三、设置最终渲染参数

当测试渲染完成后，就可以提高各项渲染参数，将参数都提高到一定程度再进行渲染，就可以得到一张高清效果图了。

（1）打开"渲染设置"对话框，进入"公用"选项，先将"图像纵横比"锁定，将"输出大小"中的"宽度"设置为1500，下面的高度就会随着一起变化（图8-99）。

（2）向下滑动面板，在下面的"渲染输出"选项中勾选"保存文件"，单击后面的"文件"选择保存目录，并将下面的"保存类型"设置为"TIF图像文件"或"JPEG文件"，单击"保存"（图8-100）。

（3）进入"VRay"选项，展开"图像采样"卷展栏，将"图像采样"卷展栏设置"块"（图8-101）。

（4）"图像过滤"设置为"Catmull-Rom"（图8-102）。

（5）进入"GI"选项，展开"发光贴图"卷展栏，将"当前预设"设置为"中"（图8-103）。

（6）展开"灯光缓存"卷展栏，将"细分"设置为"1500"，将"采样大小"设置为"0.02"（图8-104）。

（7）单击"渲染"，经过10～20min的渲染，就得到了一张高质量的效果图（图8-105），而且可以使用任何图像处理软件打开并进行处理。渲染时间受场景、细分、电脑性能等多方因素影响，文中的时间仅供参考。这里列出是为了直观的表现快速/最终渲染参数，带来的所用时间上的巨大差异。

图8-100　保存文件类型

图8-101　图像采样设置

图8-102　图像过滤设置

图8-103　发光贴图设置

图8-104　灯光缓存设置

图8-105　渲染效果

四、使用光子图渲染

在以上的场景中用20min渲染出了一张效果图，下面将使用一个小技巧将效果图的渲染时间大大缩短，并且能保证渲染质量不变。

（1）继续使用以上的场景，打开"渲染设置"对话框，进入"公用"选项，将"输出大小"设置为320×198，并取消勾选"保存文件"（图8-106）。

（2）进入"VRay"选项，展开"全局开关"卷展栏，勾选"不渲染最终的图像"（图8-107）。

（3）进入"GI"选项，将"发光贴图"卷展栏打开，在"专家模式"下，滑动滑块到最下方，勾选

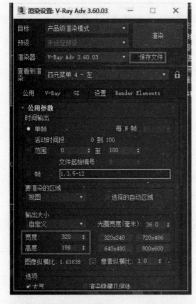

"自动保存"与"切换到保存的贴图",并单击右侧"..."按钮,选择一个位置并命名保存(图8-108)。

(4)展开"灯光缓存"卷展栏,在"高级模式"下,将"自动保存"与"切换到被保存的缓存"勾选,并单击右侧的"..."按钮,选择一个位置并命名保存(图8-109)。

图8-106　渲染设置　　　　　图8-107　渲染选择

图8-108　保存贴图

图8-109　保存灯光

（5）单击"渲染"按钮，经过1min左右渲染，得到了两张光子文件，下面将利用这两张光子文件进行渲染（图8-110）。

（6）再次进入"渲染设置"面板，进入"公用"选项，在"输出大小"中将尺度设置为1500×928，勾选下面的"保存文件"，单击"文件"按钮，将其重新命名为"卧室2"，选择".TIF"或".JPEG"格式保存（图8-111）。

（7）展开"VRay"选项的"全局开关"卷展栏，取消勾选"不渲染最终图像"（图8-112）。

图8-112　渲染选择

图8-110　渲染光子文件

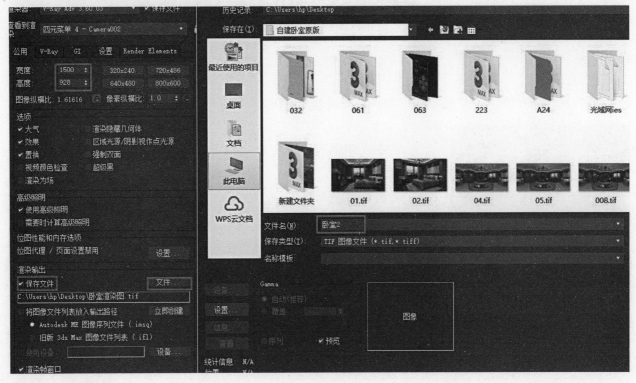

图8-111　渲染设置

图8-113　选择文件

（8）确定"GI"选项中的"发光贴图"与"灯光缓存"卷展栏下的"模式"中是否使用的是刚保存的光子图文件（图8-113）。

（9）确认无误后，开始进行渲染场景。这次计算机将会跳过计算阶段直接进行渲染，经过渲染后就会得到与之前一样的效果图，但是渲染时间会大幅度缩短（图8-114）。

图8-114　渲染后效果

第六节　灯光布置与渲染效果

一、室外光布置

在效果图场景中，室外的光线来源于两种：一种是环境光；另一种是太阳光。

1. 环境光

（1）环境光主要是通过门与窗进入室内的，所以首先应该考虑室外的环境光。打开本书配套资料中的场景文件"模型\第8章\客厅（图8-115）。

（2）先创建客厅阳台窗户的环境光，最大化前视口，创建一个"VR灯光（VRayLight）"，其形态与窗户等大为佳（图8-116）。

（3）进入修改面板，由于该灯光面积较大，基本覆盖了整个墙体面积的80%，所以该灯光的"倍增"设置为2.0。因为该光线为室外环境光，所以将"颜色"设置为浅蓝色（图8-117）。

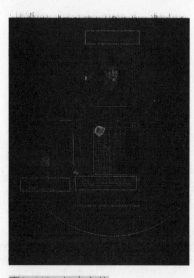

图8-115　打开文件

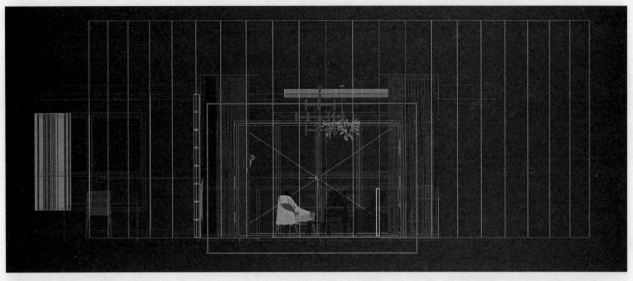

图8-116 创建VR灯光

图8-117 灯光设置

图8-118 灯光选项

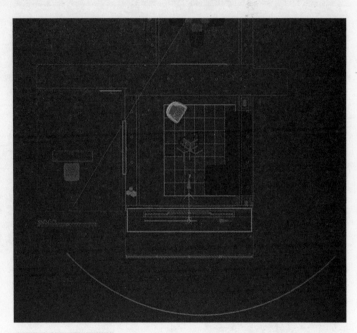

图8-119 移动灯光

（4）该灯光为虚拟的室外环境光，在室内是不可见的，因此应当勾选"不可见"，取消勾选"影响镜面"和"影响反射"，窗口的材质是金属的，取消勾选能把光线对金属的反射影响降到最低，再将"采样"选项中的"细分"值设置为15（图8-118）。如果不能更改采样，请在渲染设置/Vray/全局DMC/中勾选使用局部细分。

（5）按下"Windows徽标"键 + "Shift"键切换到顶视口，将该灯光移到窗口位置（图8-119）。

（6）创建餐厅窗户的环境光，最大化后视口，并创建一个"VR灯光"，其形态与餐厅窗户等大为佳（图8-120）。

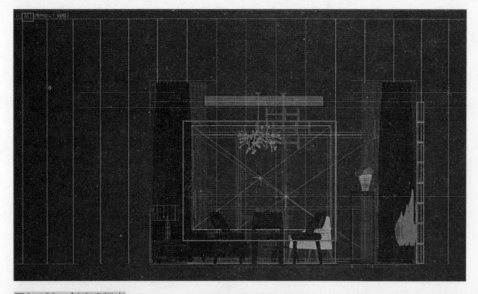

图8-120 创建VR灯光

图8-121 灯光设置

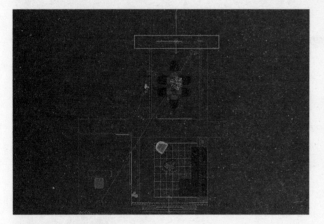

图8-122 移动灯光

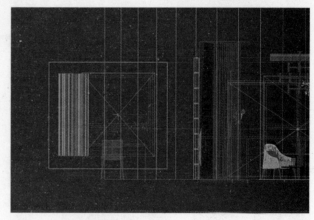

图8-123 创建VR灯光

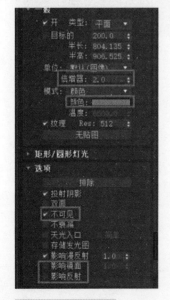

图8-124 灯光设置

（7）进入修改面板，由于该灯光面积较大，基本覆盖了整个墙体面积的50%，所以将该灯光的"倍增器"值设置为2~3。因为该光线为室外环境光，将"颜色"设置为浅蓝色，同样勾选"不可见"，取消勾选"影响反射"和"影响镜面"（图8-121）。

（8）切换到顶视口，将该灯光移到窗口位置（图8-122）。

（9）接着创建卧室室外灯光，最大化前视口，并创建一个"VR灯光"，其形态与卧室窗户等大为佳（图8-123）。

（10）进入修改面板，由于该灯光面积较大，基本覆盖了整个墙体面积的60%，所以将该灯光的"倍增器"值设置为2~4，同样勾选"不可见"，取消勾选"影响反射"和"影响镜面"，因为该光线为室外环境光，所以该灯光的"颜色"依旧设置为浅蓝色（图8-124）。

（11）切换到顶视口，使用"移动"工具将该灯光仔细移至窗口位置（图8-125）。

（12）回到摄像机视口，将渲染参数调整为测试参数，渲染场景并观察灯光效果（图8-126）。

2．太阳光

（1）太阳光也是环境光的重要组成部分，太阳光可以为室内环境增加气氛，也可以提高整个场景的亮度，进入左视口创建一个"VRay太阳"，在弹出的"自动添加一个VRaySky环境贴图"对话框中选择"否"（图8-127）。

（2）切换到顶视口，使用"移动"工具，仔细调整太阳光的位置，直至符合要求（图8-128）。

（3）进入修改面板，将太阳光的"强度倍增"设置为0.01，"过滤颜色"设

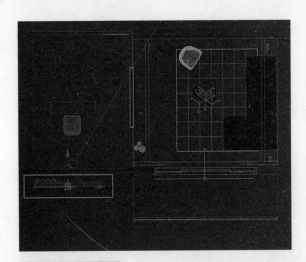

图8-125　移动灯光

图8-126　渲染效果

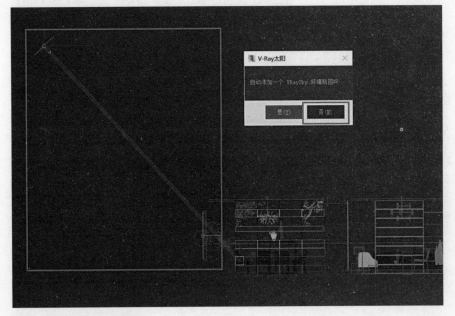

图8-127　创建V-Ray太阳

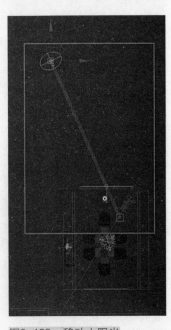

图8-128　移动太阳光

图8-129　修改颜色

图8-130　渲染效果

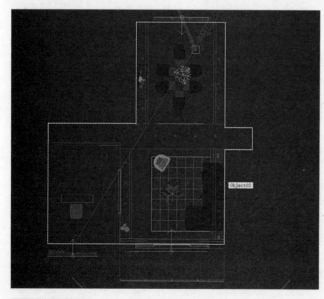

图8-131　筒灯

置为淡黄色（图8-129）。

（4）渲染场景并观察灯光效果（图8-130）。

二、室内光布置

在室内灯光中，比较复杂的有筒灯、吊灯、台灯、装饰灯带这几种灯光。

1. 筒灯

（1）筒灯的布置对于室内灯光亮度与气氛调节具有非常明显的作用，观察整个场景，场景中的筒灯比较多，共有18个（图8-131）。

（2）先从客厅的位置开始布置筒灯，最大化左视口，在创建面板的"VRay"选项中，创建一个"VRayIES（灯光）"，从上向下创建（图8-132）。

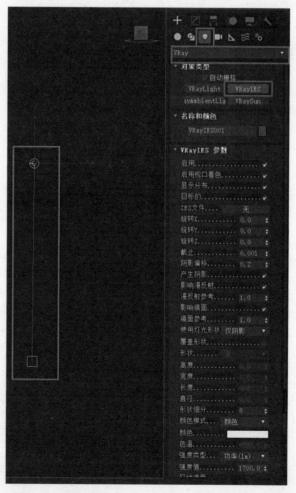

图8-132　创建灯光

（3）在视图区上方的"选择过滤器"中，选择"L-灯光"，选择该灯光，在顶视口中，将该灯光仔细移至筒灯所在的位置（图8-133）。

（4）进入修改面板，在"VRayIES参数"面板中选择"IES文件"，接着单击后面的"无"按钮（图8-134）。

（5）在本书配套资料的"光域网"文件夹中选择一个".IES"光域网文件（图8-135）。

（6）在修改面板中，将灯光的"颜色"设置为土黄色，将强度值设为600.0ln（图8-136）。

（7）框选灯头和灯尾并成组（图8-137）。

（8）渲染场景并观察灯光效果（图8-138）。

图8-133 选择灯光

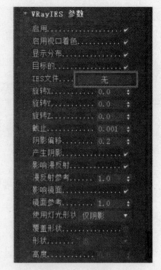

图8-134 选择参数

图8-135 选择文件

图8-136 颜色设置

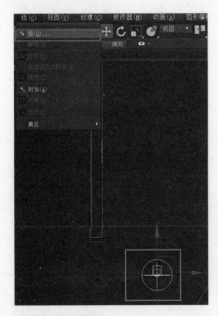

图8-137 组合灯

图8-138 渲染效果

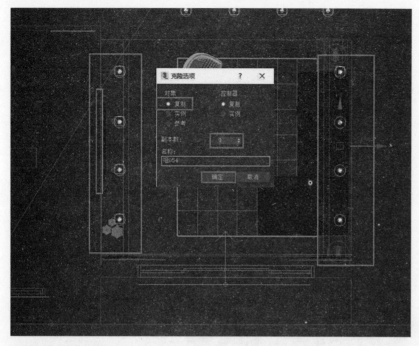

图8-139 复制灯光

图8-140 渲染效果

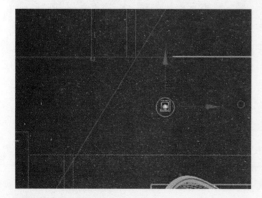

图8-141 复制筒灯

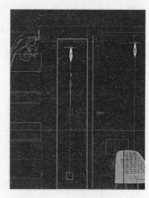

图8-142 移动灯光

（9）选中灯光，按住〈Shift〉键将灯光复制到客厅两边，在"克隆选项"对话框中选择"复制"方式（图8-139）。

（10）渲染场景并观察灯光效果（图8-140）。

（11）继续将筒灯复制一个中间横梁位置（图8-141）。

（12）在左视口中，使用"移动"工具将灯光仔细移至房间的横梁下方，并不与其他物体重合（图8-142）。

（13）在顶视口中将该筒灯复制3个到横梁的其他3个位置上（图8-143）。

（14）渲染场景并观察灯光效果（图8-144）。

（15）在顶视口中，将客厅的灯光复制一个至餐厅的筒灯位置，再将这个灯光复制3个到其他的筒灯位置，将左边3个选择"实例"的克隆方式，右边3个选择"复制"的克隆方式（图8-145）。

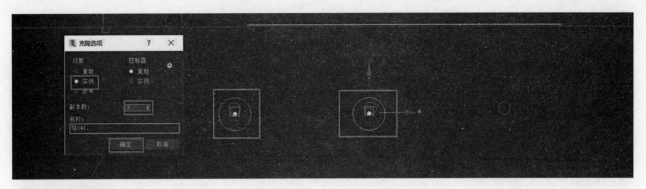

图8-143　复制筒灯

图8-144　渲染效果

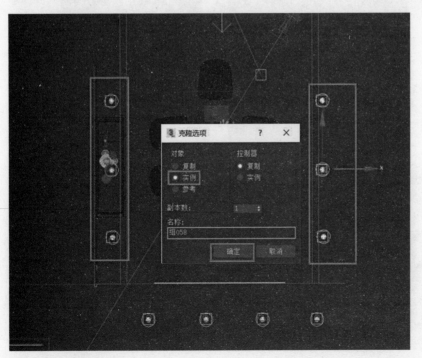

图8-145　复制灯光

（16）渲染场景并观察灯光效果（图8-146）。

（17）效果图中黑色墙面上的筒灯照射效果并不明显，所以要将这几个筒灯亮度增强。由于这几个灯光是实例复制的，所以只需要修改其中的一个灯光的亮度"强度"即可。选中餐厅左边其中的一个筒灯，进入修改面板，将该筒灯的"强度"设置为1000.0ln（图8-147）。

（18）渲染场景并观察灯光效果（图8-148）。

2. 吊灯

（1）此场景中有两盏吊灯：一处是客厅的灯；另一处是餐厅的灯（图8-149）。

（2）先创建客厅吊灯，最大化顶视口，在客厅吊灯处创建一个与吊灯等大的"VR灯光（VRayLight）"（图8-150）。

（3）在左视口中，将灯光仔细移动至吊灯下方，并不与吊灯重合（图8-151）。

（4）进入修改面板，调节灯光参数，将"倍增器"设置为6.0，将"颜色"设置为浅黄色，并勾选"不可见""影响反射"和"影响镜面"（图8-152）。

（5）渲染场景并观察灯光效果（图8-153）。

图8-146　渲染效果

图8-147　灯光设置

图8-148　渲染效果

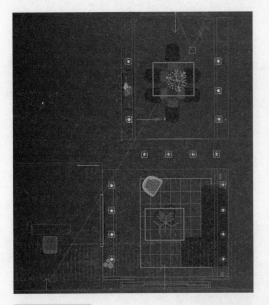

图8-149　吊灯

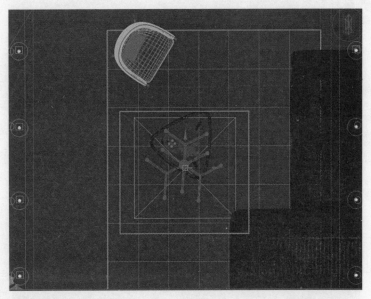

图8-150　创建VR灯光

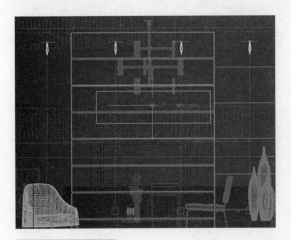

图8-151　移动灯光

图8-152　灯光设置

图8-153　渲染效果

（6）在顶视口中创建一个"VR灯光"，将灯光"类型"设置为"球体"，在"大小"选项中将"半径"设置为30.0（图8-154）。

（7）在左视口中，将灯光仔细移至吊灯里面（图8-155）。

（8）在顶视口中，将灯光复制几个，选择"实例"的克隆方式（图8-156）。

（9）在左视口中，将这些灯光的高度上下移动，形成高低不齐的效果，最大限度地表现出自然的感觉

（图8-157）。

（10）进入修改面板，调节灯光参数，将"倍增器"设置为10.0，将"颜色"设置为深黄色，并勾选"不可见"（图8-158）。

（11）渲染场景并观察灯光效果（图8-159）。

（12）创建餐厅吊灯，最大化顶视口，将中间梁上的筒灯复制一个到餐厅吊灯位置，选择"复制"的克隆方式（图8-160）。

（13）再将这个吊灯复制2个，选择"实例"的

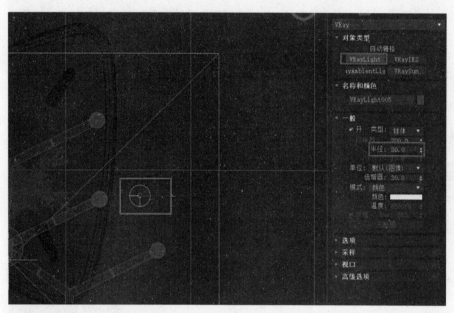

图8-154 创建VR灯光

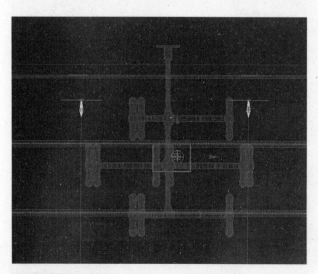

图8-155 移动灯光

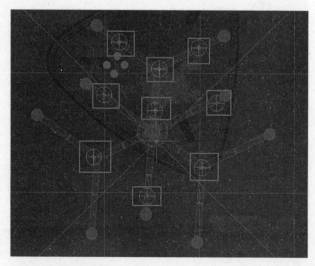

图8-156 复制灯光

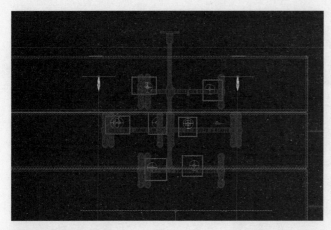

图8-157　移动灯光

图8-158　灯光设置

图8-159　渲染效果

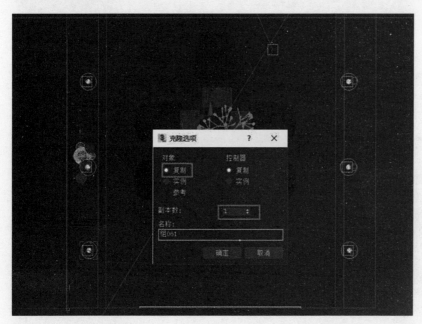

图8-160　创建复制吊灯

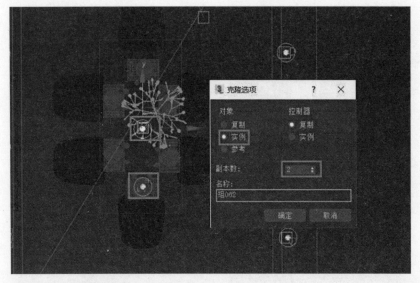

图8-161　实例复制吊灯

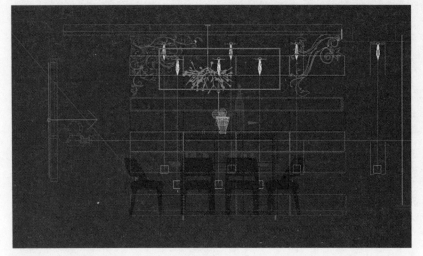

图8-162　移动灯光

图8-163　渲染效果

克隆方式（图8-161）。

（14）在左视口中，将3盏筒灯向下移动，具体高度根据环境需要来控制，这样可以让桌面产生聚光效果（图8-162）。

（15）渲染场景并观察灯光效果（图8-163）。

（16）将客厅吊灯的面光源复制到餐桌上方，选择"复制"的克隆方式（图8-164）。

（17）进入修改面板，调节灯光参数，将"倍增器"设置为2.0，对餐桌部分进行补光（图8-165）。

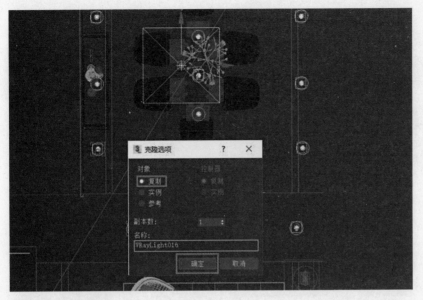

图8-164 复制吊灯　　　　　　　　　　图8-165 调节灯光参数

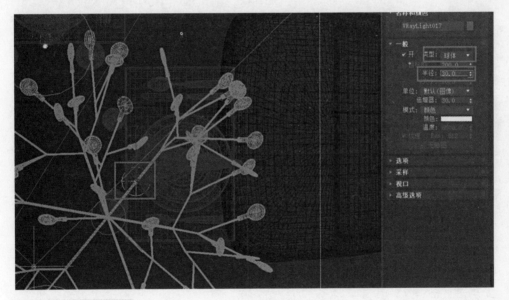

图8-166 创建灯光类型　　　　　　　　　　图8-167 灯光设置

（18）在顶视图餐桌吊灯上方创建"VR灯光（VRayLight）"，类型选择"球体"灯光，半径设为30.0（图8-166）。

（19）进入修改面板，调节灯光参数，将"倍增器"设置为30.0，将"颜色"设置为深黄色，并勾选"不可见"，取消勾选"影响反射"和"影响镜面"（图8-167）。

（20）复制球形灯并调整其位置，使之散落在吊灯四周，为吊灯添加环境光（图8-168）。

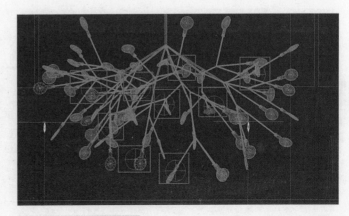

图8-168 复制调整灯光

图8-169　渲染效果

（21）渲染场景并观察灯光效果（图8-169）。

3. 台灯

（1）最大化顶视口，在台灯所在位置创建一个球形"VR灯光（VRayLight）"（图8-170）。

（2）切换到左视口，使用"移动"工具将灯光仔细移至台灯里面（图8-171）。

（3）进入修改面板，将灯光的"倍增器"值设置为50.0，"颜色"设置为橙黄色，"半径"设置为50.0，取消勾选"不可见"（图8-172）。

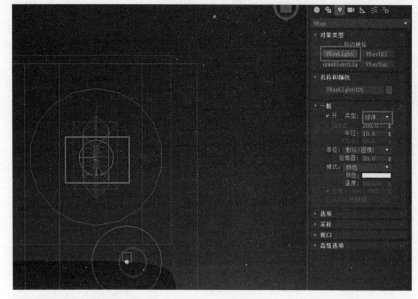

图8-170　创建球形VR灯光

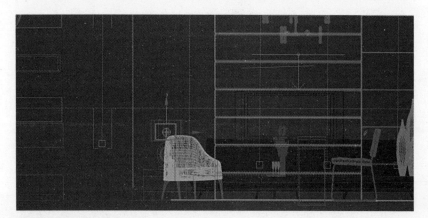

图8-171　移动灯光

图8-172　灯光设置

（4）在顶视口中将灯光复制一个至沙发另侧的台灯内，选择"实例"的克隆方式（图8-173）。

（5）渲染场景并观察灯光效果（图8-174）。

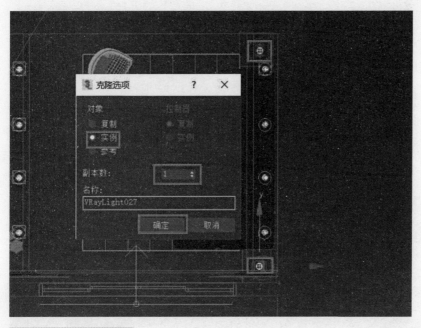

图8-173　实例复制灯光

图8-174　渲染效果

- 补充要点 -

灯具模型

灯具模型的品种很多，要表现出真实的渲染效果，应注意以下几个方面：

1. 简化模型构造。很多从网上下载的灯具模型精度很高，模型很精致，但用到效果图的空间场景中却显得有些多余，放置在远处墙角或吊顶上，不仅无法体现其精致的外观，反而会影响渲染速度，因此要尽量简化灯具模型，甚至可以删除模型的部分构件。

2. 灯光要与灯具模型保持对齐。尤其是灯光移动至灯罩内部时，应尽量保持居中，最好采用"对齐"工具。

3. 灯具模型内应制作自发光模型。如灯泡或灯管的形态应从外部依稀可见，才能表现出真实感。

4. 善于保存灯具模型与灯光。在制作效果图过程中，发现造型、材质、灯光效果均佳的模型与灯光应当单独保存为".max"格式文件，以后可以随时合并到新的场景空间中去，能提高工作效率。

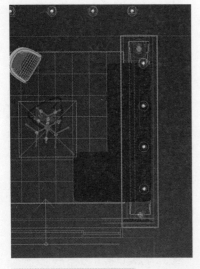

图8-175 创建灯槽灯光

4. 装饰灯带

本场景的装饰灯有3个，分别是客厅吊顶灯带、餐厅吊顶灯带、餐厅墙面灯带。

（1）最大化顶视口，在灯槽位置创建一个与灯槽等长的"VR灯光"（图8-175）。

（2）切换到左视口，将灯光仔细移动至灯槽内，并使用"镜像"工具将灯光在"Y"轴镜像（图8-176）。

（3）进入修改面板，将灯光的"倍增器"值设置为3.0，"颜色"设置为橙黄色，并勾选"不可见"，取消勾选"影响反射"和"影响镜面"（图8-177）。

（4）切换到顶视口，将灯光复制一个到右边灯槽里面，选择"实例"的克隆方式（图8-178）。

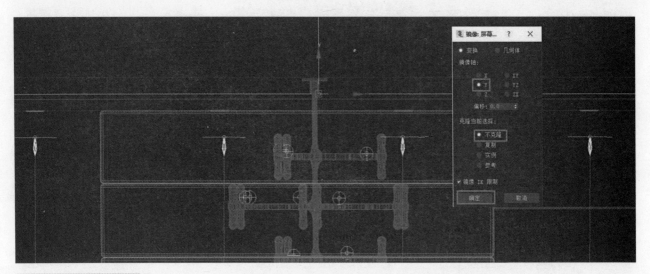

图8-176 移动镜像灯光

图8-177 灯光设置

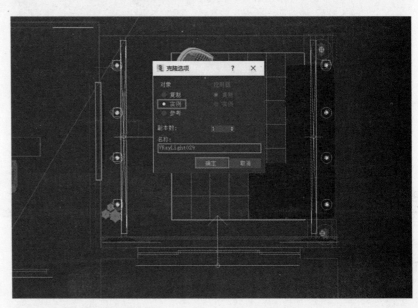

图8-178 实例复制灯光

（5）渲染场景并观察灯光效果（图8-179）。

（6）创建餐厅灯带，最大化顶视口，将餐厅的灯带复制至餐厅灯槽内，并在修改面板中适当调节其长度（图8-180）。

图8-179 渲染效果

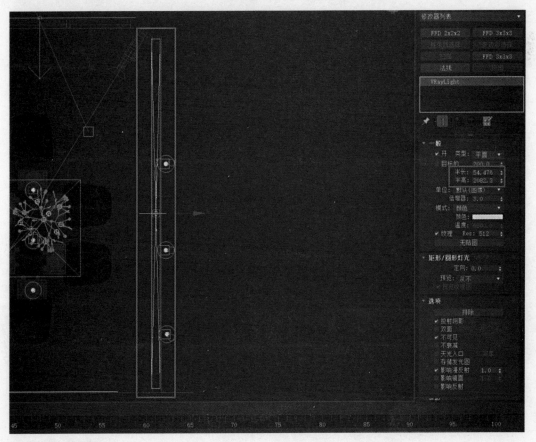

图8-180 创建灯带

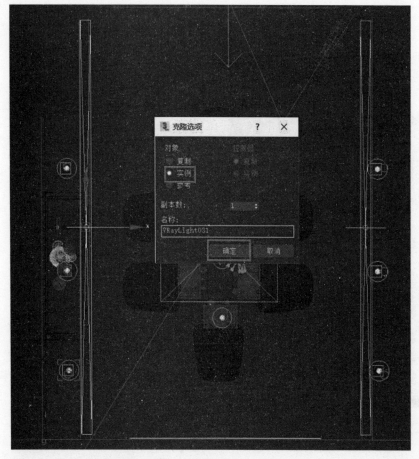

图8-181　实例复制灯光

（7）将灯光复制一个到右边灯槽内，选择"实例"的克隆方式（图8-181）。

（8）渲染场景并观察灯光效果（图8-182）。

（9）创建餐厅墙面灯带，在左视口中将餐厅右侧的吊顶灯带向下仔细复制至餐厅墙面灯槽位置，选择"复制"的克隆方式（图8-183）。

图8-182　渲染效果

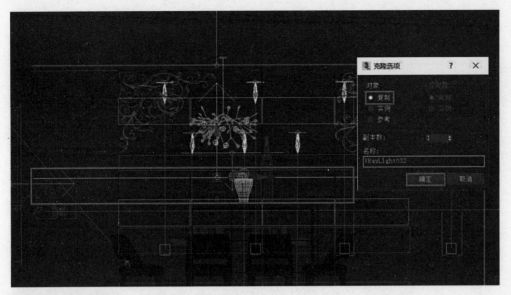

图8-183　复制灯带

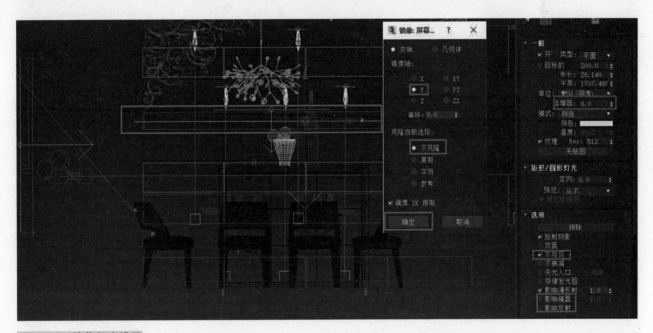

图8-184　镜像灯光设置

（10）将灯光在"Y"轴镜像，并将灯光的"倍增器"值设置为8.0，勾选"不可见"，取消勾选"影响反射"和"影响镜面"（图8-184）。

（11）渲染场景并观察灯光效果（图8-185）。

（12）观察效果无误后，就可以进行最终渲染了（图8-186）。

本章小结

本章主要讲解了VRay的场景灯光布置与渲染参数设置，在模型场景渲染中，要仔细比较各参数的微妙调节，每次调节后都进行仔细对比效果，在同一组灯光环境下进行多次调节、渲染，找出最佳渲染效果，这是初学渲染效果图的必经之路。

图8-185 渲染效果

图8-186 最终渲染效果

课后练习

1. "VR灯光"种类有哪些？各自作用是什么？

2. 在场景空间里，灯光设置越多会有什么效果？

3. 制作两组白天与夜晚的不同室内效果图，要求突出材质、灯光质感，渲染效果真实。

第九章
效果图案例制作与修饰

PPT 课件

学习难度：★★★★☆
重点概念：建模、材质、灯光、渲染

◁ **章节导读**

　　本章将结合前面所有内容，制作不同的室内效果图，包括从建模到最终渲染，操作方法详细、具体，具有一定的代表性，不同场景效果图的重点在于场景的不同特征。此外，还介绍了Photoshop修饰效果图的方法，渲染图的画面效果可以变得更加明快，对比度更强烈，画质更清晰。

一、卧室效果图

案例实训 1
素材

案例实训 1
操作教学视频

二、客厅效果图

案例实训 2
素材

案例实训 2
操作教学视频

三、办公室效果图

案例实训 3
素材

案例实训 3
操作教学视频

四、大堂效果图

案例实训 4
素材

案例实训 4
操作教学视频

五、效果图后期修饰

案例实训 5
素材

案例实训 5
操作教学视频

本章小结

　　本章详细讲解了效果图的模型创建以及灯光效果处理。其重点在于基础模型的创建和材质使用，还要注重场景模型的整体比例，灯光形态。通过本章节学习，读者需掌握不同场景效果图的重点，以渲染出真实合理的效果，效果图后期制作需要通过Photoshop进行处理，并添加植物与装饰品。

课后练习

1. 建立模型精确，该如何操作？
2. 赋予物体材质及灯光设置时，发现并没有显示材质和灯光的原因是什么？
3. 效果图构件重点是什么？如何设置精确材质？
4. 想要效果真实，看不到的光源设置是否可以忽略？光域网代表什么？
5. 结合所学内容，建模并渲染4种不同场景的效果图。
6. Photoshop修饰效果图主要用哪些工具？
7. 用于修复图片的工具是什么？有什么作用？
8. 蒙版与选定工具相比较，各自有哪些优点？
9. 使用模糊滤镜时，阐述可以使用进一步模糊的理由。
10. 结合Photoshop，修饰前面所制作的渲染效果图。

参考文献
REFERENCES

［1］ 亿瑞设计. 3ds Max 2016中文版+VRay效果图制作从入门到精通［M］. 北京：清华大学出版社，2017.

［2］ 时代印象. 3ds Max 2016基础培训教程［M］. 北京：人民邮电出版社，2017.

［3］ 任媛媛. 3ds Max 2014/VRay效果图制作完全自学宝典［M］. 北京：人民邮电出版社，2014.

［4］ 刘正旭. 3ds max/VRay室内外设计材质与灯光速查手册［M］. 北京：电子工业出版社，2012.

［5］ 王玉梅，张波. 3ds Max+VRay效果图制作从入门到精通［M］. 北京：人民邮电出版社，2010.

［6］ 范景泽. 3ds Max 2016中文版完全精通自学教程［M］. 北京：电子工业出版社，2018.

［7］ 火星时代. 3ds Max&VRay室内渲染火星课堂［M］. 北京：人民邮电出版社，2012.

［8］ 唯美世界. 中文版3ds Max 2018从入门到精通［M］. 北京：中国水利水电出版社，2019.

［9］ 王新颖，苏醒，李少勇. 中文版3ds Max 2013基础教程［M］. 北京：印刷工业出版社，2012.

［10］张玲. 3ds Max建筑与室内效果图设计从入门到精通［M］. 北京：中国青年出版社，2013.

［11］王芳，赵雪梅. 3ds Max 2013完全自学教程［M］. 北京：中国铁道出版社，2013.

［12］来阳. 突破平面3ds Max/VRay/Arnold室内设计与制作剖析［M］. 北京：清华大学出版社，2019.

［13］李谷雨，刘洋，李志. 3ds Max2013中文版标准教程［M］. 北京：中国青年出版社，2013.

［14］李洪发. 3ds Max 2016中文版完全自学手册［M］. 北京：人民邮电出版社，2017.